수학유희 II

이영숙 감수 조동기 지음

KYOWOO

Before...

저자는 학교에서 수학동아리를 운영하는 상황에서 활동소재를 찾던 중 우연히 수학트릭을 알게 되었고 더하여 마틴가드너(Martin Gardner, 1914년 10월 21일 ~ 2010년 5월 22일) 및 많은 유희수학가의 작품을 문헌과 구글링(googling), 유투브(youtube)를 통하여 접할 수 있었습니다. 익숙지 않은 조작, 문화, 언어의 문제로 어려움을 겪었지만 매 수업시간 하나 이상의 수학트릭을 하고픈 목표로 수학트릭을 수집한 후 원리를 찾고 같은 주제로 연결하여 우선 수학유희 Ⅰ에 이어 수학유희 Ⅱ를 선보입니다. 많은 학교 선생님들과 학생들이 본 저서를 통하여 유희수학에 관심을 가지고 보다 참신하고 학교 현장에 유용한 트릭을 만들어 수학하는 즐거움이 교과서를 넘어 문화코드로 자리 잡히는 동기가 되었으면 합니다.

수학마법은 마법이 실행되는 원리가 수학적 내용과 원리에 기초하고 있으며 이러한 수학적 내용과 원리는 학생들에게 부여되는 결과가 아니라 학생들이 참여하고 해석하여 알아가는 가운데 스스로 체득하는 개념으로 학생들에 의하여 구성되어지는 지식입니다. 그 과정을 좀 더 살펴보면 마법 시행과정에서 변화시킬 수 있는 변수와 바꾸면 시행이 안 되는 부분을 가려 생각하는 힘과 발견하는 힘을 키울 수 있으며 이 과정은 시행되는 마법의 구조를 꿰뚫는 과정이라 할 수 있는데 수학 공부하는 방법과 목적이 공유될 수 있는 부분으로 수학지식 습득 이상으로 수학 공부하는 태도와 자세에 변화가 있으리라 기대됩니다. 마법에 대한 호기심과 관심이 수학지식과 연결되어, 방법과 그 원리를 알아가고 응용하여 새로운 수학마법을 개척해 가며 이를 시연하고 서로 설명하는 과정은 요

즘 강조되는 수학적 힘과 의사소통을 향상시키는 과정과 같다고 할 수 있습니다.

보통 마법하면 그 원리와 방법은 비밀에 부쳐집니다. 마법은 일단 그 원리와 방법이 공개되면 효과에 비하여 원리의 비약함과 속임수라는 부정적인 이미지 때문에 기대감이 떨어집니다. 하지만 수학마법의 바탕이 되는 수학적 원리 자체가 마법의 효과보다 더 흥미로운 경우가 많으며 수학에 의한 마법이라는 후광에 힘입어 마법의 효과가 더 크게 느껴집니다.

본서에서 다루게 되는 수학마법은 우리 주변에서 쉽게 접근 가능한 카드, 동전, 주사위, 줄, 링 등을 이용하는 것으로 기초산술, 함수, 논리, 기하(위상), 게임은 수학전반에 걸친 내용을 담고 있으며 작은 제목 안에 좀 더 세분화된 소재를 기입하였습니다. 학교수학에서 학생들이 접근하기 쉽고 흥미로운 수학내용과 원리에 기초한 마법으로 가능한 한 구성하였으며 각 마법마다 수학적 배경과 원리를 실어 놓았습니다. 또한, 각 마법마다 사진과 동영상을 제작하여 따라하며 익히기 쉽도록 하였습니다.

http://goo.gl/Q0RjPy

목차에 위 첫 번째 그림이 있는 것은 유투브 동영상이 포함된 것으로 단축주소와 QR코드가 위와 같습니다. 수학유희 I 에 이어 수학유희 Ⅱ 에 관심을 가져 주셔서 감사드리며 문의사항이나 조언은 010-2823-4159 또는 http://blog.naver.com/galua6(블러그)로 문의 주시면 정성껏 경청하겠습니다.

차례

수학유희 Ⅱ

113 6174 (Kaprekar's constant)

관중이 임의대로 4자리 숫자를 골라 다음 시행을 하여도 마법사는 그 결과를 예언할 수 있다.

① 관중은 0~9에서 적어도 서로 다른 숫자 두 개를 포함하여 4개의 숫자를 골라 가장 큰 수를 만든다.

② 다시 가장 작은 수를 만든다.

③ ①-②를 한다.

④ ③의 결과 가지고 다시 만들 수 있는 가장 큰 수와 작은 수의 차를 구한다.

⑤ 이 과정을 하다보면 결국 6174에서 멈추게 된다.

예

관중이 고른 숫자 4, 3, 2, 5

$5432-2345=3087$

$8730-0378=8352$

$8532-2358=6174$

$7641-1468=6174$

마법이 불가능한 수는 1111, 2222, ... 등 모두 같은 자리수를 갖는 수들이다. 6174의 다른 특성으로는 $(6+1+7+4)\times 343=6174$ 자리수의 합을 약수로 가지며 $18^3+18^2+18=6174$ 같은 수의 거듭제곱의 합으로 표현이 가능하다.

다른 3자리 수에 대해서도 495라는 결과를 얻을 수 있다.

관중이 고른 숫자 0,3,6
$360-36=324$
$432-234=198$
$981-189=792$
$972-279=693$
$963-369=594$
$954-459=495$

114 경우의 수

마법사는 관중이 고른 3자리 수에 대한 다음 시행의 결과를 예견할 수 있다.

① 관중은 서로 다른 숫자로 3자리 수를 적는다.

② 관중은 ①의 세자리 수에서 서로 다른 두자리수, 6개를 적는다.

③ 6개 수의 합을 처음 고른수의 각 자리 숫자의 합으로 나눈 몫을 구하라고 한다.

④ 마법사는 몫(22)을 예견할 수 있다.

원리

abc	$10a+b$	서로 다른 6개 두
$ab+ba+ac+ca+bc+cb$	$10b+a$	자리 숫자의 합을
관중이 임의의 서로 다른	$10a+c$	각 자리수의 합으

자리수를 가지는 3자리 수를 선택하여 서로 다른 6개의 두자리 수를 만든다.	$10c+a$ $10b+c$ $10c+b$ $2(a+b+c)10+2(a+b+c)$	로 나누면 항상 22가 된다.

115 스무고개

마법사는 관중이 선택한 1~10까지의 임의의 수에 대하여 다음의 시행으로 관중이 선택한 수를 알 수 있다.

① 관중은 1~10까지 임의의 수를 하나 정한다.

② $\times 3$

③ $\div 2$

④ 마법사는 관중에게 ③의 결과가 나누어 떨어지지 않는다면 관중에게 그 다음 정수로 정하라 하고 마법사는 키 넘버 1을 기억한다.

⑤ $\times 3$

⑥ $\div 2$

⑦ 마법사는 ⑥의 결과, 정수가 아니라면 관중에게 그 다음 정수로 정하고 마법사는 키 넘버 2를 기억한다.

⑧ $+2$

⑨ -11

⑩ 마법사는 ⑨의 결과에서 관중이 11을 뺄 수 없다고 하면 지금까지의 키넘버들의 합이 관중의 수가 된다

⑪ −11이 가능하다면 3이 넘는 수이고 이제 키 넘버는 4이다.

⑫ +2

⑬ −11을 하라고 한다. 11을 뺄 수 없다고 하면 지금까지의 키 넘버들의 합이 관중이 고른 수가 된다.

⑭ −11를 할 수 있다고 하면 지금까지의 키 넘버들의 합에 4를 더하면 관중이 고른 수가 된다.

	a	1	2	3	4	5	6	7	8	9	10
①~③	$\frac{3a}{2}$	$\frac{3}{2}$	3	$\frac{9}{2}$	6	$\frac{15}{2}$	9	$\frac{21}{2}$	12	$\frac{27}{2}$	15
④	키넘버❶	2❶	3	5❶	6	8❶	9	11❶	12	14❶	15
⑤~⑥	$\times\frac{3}{2}$	3	$\frac{9}{2}$	$\frac{15}{2}$	9	12	$\frac{27}{2}$	$\frac{33}{2}$	18	21	$\frac{45}{2}$
⑦	키넘버❷	3	5❷	8❷	9	12	14❷	17❷	18	21	23❷
⑧~⑩	키넘버합	1	2	3	0❹	3❹	5❹	8❹	0❹	3❹	5❹
⑪~⑬	키넘버합				4	5	6	7	❹	❹	❹
⑭									8	9	10

116 자리수 마법

관중의 수, 41597 홀수자리의 수가 있다고 할 때 마법사는 다음 일련의 과정으로 관중의 수를 구할 수 있다.

① 마술사는 관중에게 $(4+1), (1+5), (5+9), (9+7)$와 같은 방법으로 연속적인 자리숫자들의 합을 요구한다.

② 하나 더 첫 번째 자릿수와 마지막 자릿수의 합$(4+7)$을 말하게 한다.

③ 마술사는 합을 왼쪽부터 적어간다. 5,6,14,16,11

④ 첫 번째, 세 번째, 다섯 번째 합에서 두 번째 네 번째의 합을 뺀 결과를 2로 나눈다. $(5+14+11)-(6+16)=8, 8\div 2=4$가 첫째 자리수가 된다.

4가 처음 숫자가 된다. 각 자리수의 합에서 다음과 같은 연속적인 차를 구하면 된다.

	5	6	14	16
4	4	1	5	9
	1	5	9	7

원리

$abcde$ 에서

자리수가 홀수인 경우

$a+b, b+c, c+d, d+e, a+e$

$(a+b)+(c+d)+(a+e)-(b+c+d+e)=2a$

$abcdef$ 에서

자리수가 짝수인 경우

$b+c, c+d, d+e, e+f, b+f$

$(b+c)+(d+e)+(b+f)-(c+d+e+f)=2b$

자리수가 짝수인 경우 처음숫자를 제외하고 자리수가 홀수인 것처럼 시행하면 b를 구할 수 있고, $a+b$ 값을 물어 a를 구할 수 있다.

117 베팅게임

다음의 베팅게임에서 마법사는 관중의 기대금액을 미리 예상할 수 있다.

① 예로 빨간색 카드 2개, 검은색 카드 3개 모두 5개장의 카드가 섞여 있는 파일에서 한 장씩 꺼내어 빨간색이면 이기는 각 게임에서 관중은 다음의 규칙으로 베팅을 한다고 하자

② 한 장씩 넘길 때 마다(각게임) 이기면 다음 게임 에서는 얻은 금액의 $\frac{1}{2}$를 곱한 금액을 베팅하고 지면 베팅했던 금액의 $\frac{3}{2}$을 곱한 금액을 다음 게임에 다시 베팅한다.

마법사는 관중이 처음에 어떤 금액을 처음 베팅해도 얻는 금액을 정확히 예상할 수 있다.

가령 16원이 처음 베팅금액이었고 카드의 배열이 다음과 같았다고 하자

예시 1	베팅 금액	결과	이긴 경기	진 경기	예시 2	베팅 금액	결과	이긴 경기	진 경기
	16	빨강	16	0		16	검정	0	16
	8	검정	0	8		24	빨강	24	0

	베팅 금액	결과	이긴 경기	진 경기		베팅 금액	결과	이긴 경기	진 경기
예시 1	12	검정	0	12	예시 2	12	빨강	12	0
	18	검정	0	18		6	검정	0	6
	27	빨강	27	0		9	검정	0	9
	43－38＝5		43	38		36－31＝5		36	31

원리

N개의 카드 중 K개의 빨간 카드, $N-K$개의 검은 카드가 있다고 하자. 매번 마지막 건 금액이 A 이면 xA를 다음번에 걸고, 지면 다음번에 yA 금액을 건다고 하자

$x+y=2$일 때 얻은 금액은

$$\frac{1-x^k y^{n-k}}{1-x}\times A=2(1-\frac{27}{32})\times 16=5, x=0.5, y=1.5, k=2, n=5$$

으로 항상 일정하고 마법사는 이를 미리 예견할 수 있다.

원리

빨강, 검정 이었다면, $A-xA=A(1-x)$

검정, 빨강 이었다면, $yA-A=A(y-1)$, $x+y=2$ 이므로 치환을 해도 서로 같음을 알 수 있다. 따라서 처음 정해진 카드배열에 대한 임의의 배열에 대하여 같은 결과를 얻게 되어 $xxxyy$와 같음을 알 수 있다. 이를 일반화 하면,

$$(1+x+x^2+x^3,\dots+x^{k-1})-x^k(1+y+y^2+,\dots+y^{n-k})$$

$$=\frac{1-x^k}{1-x}-\frac{x^k(1-y^{n-k})}{1-y}, x+y=2$$

$$=\frac{1-x^k y^{n-k}}{1-x}$$

118 일치게임 1

1~20까지의 모든 수에 대하여 4를 4번 수식과 함께 사용하여 일치시킬 수 있는가? 모둠별로 진행하며 그날 배운 수식이나 개념을 활용하는 등 다양하게 응용가능하다.

1	$\frac{44}{44}$	11	$\frac{44}{\sqrt{4}+\sqrt{4}}$
2	$\frac{4}{4}+\frac{4}{4}$	12	$\frac{44+8}{4}$
3	$\frac{4+4+4}{4}$	13	$\frac{44+\sqrt{4}}{4}$
4	$4(4-4)+4$	14	$4+4+4+\sqrt{4}$
5	$\frac{4\times4+4}{4}$	15	$\frac{44+4}{4}$
6	$4+\frac{4+4}{4}$	16	$4+4+4+4$
7	$\frac{44}{4}-4$	17	$4\times4+\frac{4}{4}$
8	$4+4+4-4$	18	$4\times4+4-\sqrt{4}$
9	$4+4-\frac{4}{4}$	19	$4!-4-\frac{4}{4}$
10	$\frac{44-4}{4}$	20	$4\times4+\sqrt{4}+\sqrt{4}$

시계 만들기

1	$\frac{5+5}{5}-\frac{5}{5}$	3	$\frac{5+5}{5}+\frac{5}{5}$
2	$\frac{5+5}{5}+5-5$	4	$\frac{5+5+5+5}{5}$

5	$\frac{5}{5}\times\frac{5}{5}\times 5$	9	$5+5-5^{(5-5)}$
6	$\frac{5}{5}\times 5+\frac{5}{5}$	10	$5\times 5-5-5-5$
7	$5+\frac{5}{5}+\frac{5}{5}$	11	$\frac{55}{5}+5-5$
8	$5+5-\frac{5+5}{5}$	12	$\frac{55}{5}+\frac{5}{5}$

119 일치게임 2

1~9 까지 각 숫자를 3번씩만 사용하여 6을 만드는 방법도 흥미롭게 구성될 수 있다.

$(1+1+1)!$, $(0!+0!+0!)!$	6
$2+2+2$, $(1!+1!+1!)!$	6
$3+3+3$	6
$\sqrt{4}+\sqrt{4}+\sqrt{4}$	6
$5+\frac{5}{5}$	6
$6+6-6$	6
$7-\frac{7}{7}$	6
$8-\sqrt{\sqrt{8+8}}$, $\sqrt{\frac{8}{8}+8!}$	6
$\sqrt{9}\times\sqrt{9}-\sqrt{9}$	6

1~9로 100을 만드는 다른 방법들

$123-45-67+89=100$
$123+4-5+67+8-9=100$
$123+45-67+8-9=100$
$123-4-5-6-7+8-9=100$
$12-3-4+5-6-7+89=100$
$1+23-4+5+6+78-9=100$
$1+2+34-5+67-8+9=100$
$12+3-4+5+67+8+9=100$
$1+23-4+56+7+8+9=100$
$1+2+3-4+5+6+78+9=100$

$98-76+54+3+21=100$
$9-8+76+54-32+1=100$
$98-7-6-5-4+3+21=100$
$9-8+7+65-4+32-1=100$
$9-8+76-5+4+3+21=100$
$98-7+6+5+4-3-2-1=100$
$98+7-6+5+4-3-2-1=100$
$98+7+6-5-4-3+2-1=100$
$98-7+6+5-4+3-2-1=100$
$98-7+6-5+4+3+2-1=100$
$98+7-6-5+4+3+2+1=100$
$9+8+76+5+4-3+2-1=100$
$9+8+76+5-4+3+2+1=100$

다른 방법들도 한번 생각해 봅니다.

120 신비로운 수들 1

보는 것 자체로 신비감과 즐거움을 주는 수들의 나열이 있다.

① 마법사는 윗줄에 9~1, 아랫줄에 1~9 나열한 후 윗줄에 관중의 나이 ab, 아랫줄에 ba를 쓰고 계산기로 합을 구하라고 한다.

$$\begin{array}{r} ○○987654321 \\ +123456789○○ \\ \hline \end{array}$$

② 놀랍게도 $\begin{array}{r} yx987654321 \\ +123456789xy \\ \hline x8641y97532 \end{array}$ 그 결과는 관중의 나이와 1~9까지의 숫자가 모든 나오는 결과가 된다.

다음 수들의 공통점도 어렵지 않게 찾을 수 있다.

$9108-8019=1089$

$5823-3258=2538$

$3870-0783=3087$

$2961-1692=1269$

$1980-0891=1089$

121 신비로운 수들 2

① 관중은 좋아하는 숫자(a)를 하나 적는다.

② 마법사는 $12345679 \times 9a = aaaaaaaaa$이 되어 관중을 놀라게 할 수 있다.

원리

$12345679 \times 9 = 111111111$

큰 피라미드

$$1 \times 8 + 1 = 9$$
$$12 \times 8 + 2 = 98$$
$$123 \times 8 + 3 = 987$$
$$1234 \times 8 + 4 = 9876$$
$$12345 \times 8 + 5 = 98765$$
$$123456 \times 8 + 6 = 987654$$
$$1234567 \times 8 + 7 = 9876543$$
$$12345678 \times 8 + 8 = 98765432$$
$$123456789 \times 8 + 9 = 987654321$$

$$1 \times 1 = 1$$
$$11 \times 11 = 121$$
$$111 \times 111 = 12321$$
$$1111 \times 1111 = 1234321$$
$$11111 \times 11111 = 123454321$$
$$111111 \times 111111 = 12345654321$$
$$1111111 \times 1111111 = 1234567654321$$
$$11111111 \times 11111111 = 123456787654321$$
$$111111111 \times 111111111 = 12345678987654321$$

작은 피라미드

$$1 + 2 = 3$$
$$4 + 5 + 6 = 7 + 8$$
$$9 + 10 + 11 + 12 = 13 + 14 + 15$$

122 신비로운 수들 3

0, 1, 512, 4913, 5382, 17576, 19683의 공통점은?

$0 = 0 \times 0 \times 0,\quad 0 = 0$

$1 = 1 \times 1 \times 1,\quad 1 = 1$

$512 = 8 \times 8 \times 8,\quad 8 = 5 + 1 + 2$

$4913 = 17 \times 17 \times 17,\quad 17 = 4 + 9 + 1 + 3$

$5832 = 18 \times 18 \times 18,\quad 18 = 5 + 8 + 3 + 2$

$17576 = 26 \times 26 \times 26,\quad 26 = 1 + 7 + 5 + 7 + 6$

$19683 = 27 \times 27 \times 27,\quad 27 = 1 + 9 + 6 + 8 + 3$

보고도 믿기지 않는다. 이와 같은 수는 위 7가지 뿐 이라고 하며 dudeney number라고 한다.

관련된 다른 수들

$1^3 + 5^3 + 3^3 = 153$
$8^4 + 2^4 + 0^4 + 8^4 = 8208$
$5^5 + 4^5 + 7^5 + 4^5 + 8^5 = 54748$
$5^6 + 4^6 + 8^6 + 8^6 + 3^6 + 4^6 = 548834$
$1^7 + 7^7 + 4^7 + 1^7 + 7^7 + 2^7 + 5^7 = 1741725$
$2^8 + 4^8 + 6^8 + 7^8 + 8^8 + 0^8 + 5^8 + 0^8 = 24678050$
$1^9 + 4^9 + 6^9 + 5^9 + 1^9 + 1^9 + 2^9 + 0^9 + 8^9 = 146511208$
$4^{10} + 6^{10} + 7^{10} + 9^{10} + 3^{10} + 0^{10} + 7^{10} + 7^{10} + 7^{10} + 4^{10} = 4679307774$

$942+942+942=1413+1413$	$472+472+472=0708+0708$
$10^2+11^2+12^2=13^2+14^2=365$	$21^2+22^2+23^2+24^2=25^2+26^2+27^2$

2	7	6
9	5	1
4	3	8

$276^2+951^2+438^2=672^2+159^2+834^2=1,172,421$

$294^2+753^2+618^2=492^2+357^2+816^2=40574131830$
$258^2+714^2+638^2=852^2+417^2+836^2=30647688940$
$456^2+312^2+897^2=654^2+213^2+798^2=50659$

역시 마방진에 이런 신비가 있었군요.

123 웃기는 수식

① 8,6,2,−,÷,=,24

② 2,3,4,5,+= 24

위 수와 수식을 이용하여 등식을 만들 수 있는가?

③ $5+5+5=550$

선 하나만 추가하여 등식을 만들 수 있는가?

해답 $8 \div \frac{2}{6} = 24$, $4+5=3^2$, $545+5=550$ 선 하나가 어디 그려졌는지 아시죠

124 웃기는 수열

① 다음 빈 수열의 값을 구하면?

1
11
21
1211
?

②

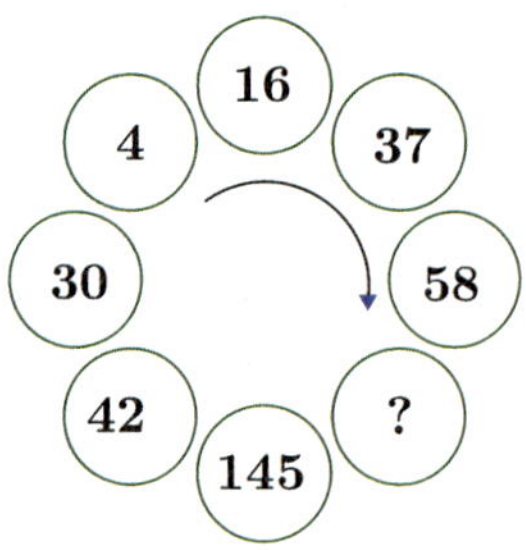

③ 다음 물음표에 들어갈 수를 구하면?

12496 → 14288 → ? → 14536 → 14264 → 12496

추천해답

①

1	
11	1이 1개
21	1이 2개
1211	1이 3개 2가 1개
1231	

② $1^2+6^2=37, 3^2+7^2=58, 5^2+8^2=89$

③ 12496 약수의 합 = 1+2+4+8+11+16+22+44+71+88+142+176+284+568+781+1136+1562+3124+6248 = **14288**

14288 약수의합 = 1+2+4+8+16+19+38+47+76+94+152+188+304+376+752+893+1786+3572+7144+ = **15472**

125 하노이 탑과 해밀턴 경로

하노이 탑 옮기기와 정육면체 위에서의 해밀턴 경로 찾는 방법을 비교해 보면 같은 것을 알 수 있다.

하노이 탑과 헤밀턴 경로

서로 비슷해 보일 것이 없을 듯해 보이는 내용들이 관련되어 하나의 패턴을 이루게 되는 경우가 종종 있어 더 큰 패턴을 찾을 수 있는 연결고리가 되기에 수학에 신비를 더하게 된다.

다면체의 모든 꼭지점을 중복없이 지나는 경로(hamilton 경로)를 찾는 게임(icosian game)과 하노이탑 옮기기의 관계를 살펴 본다.

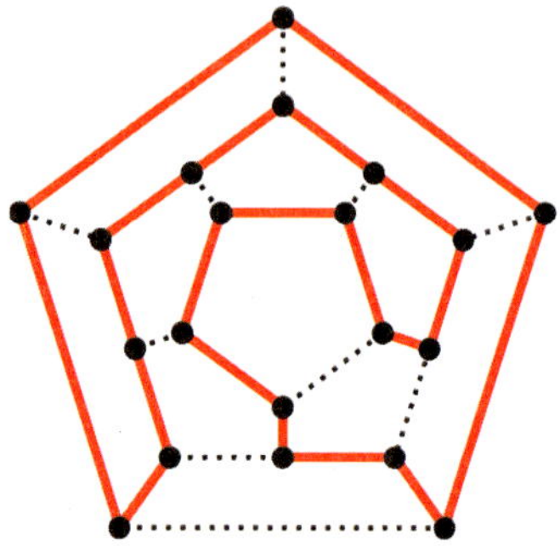

출처: 위키페디아, 12면체의 해밀턴 경로

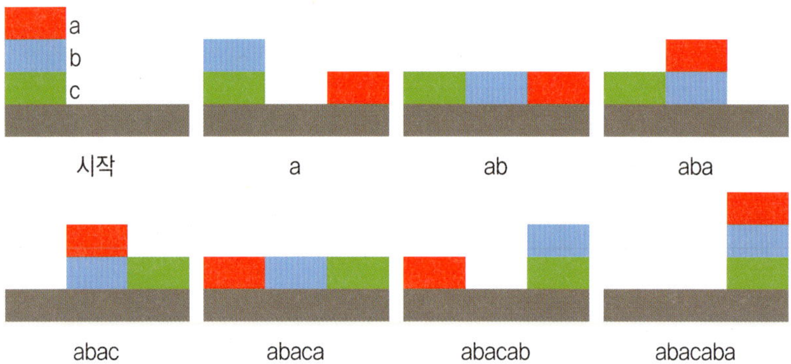

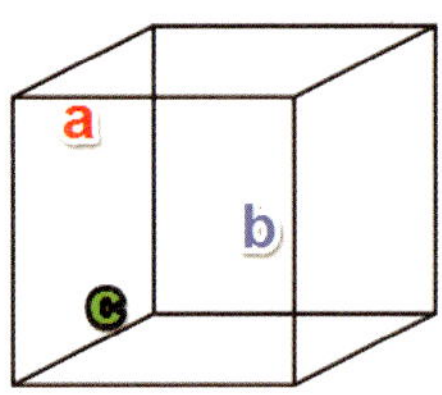

정육면체 해밀턴 경로 그리기

abacaba,

3개의 하노이탑 옮기기와 정육면체에서 해밀턴 경로를 찾는 방법이 같음을 알 수 있다. 좀 더 확장해 보면 자연스럽게 4차원 초면체 위에서의 해밀턴경로와 하노이탑 4개 옮기는 방법을 비교해 볼 수 있다.

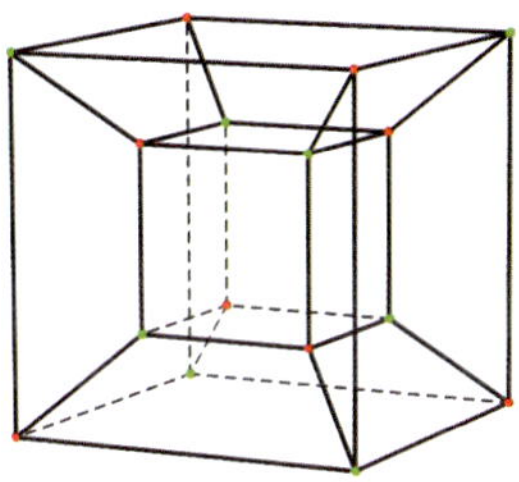

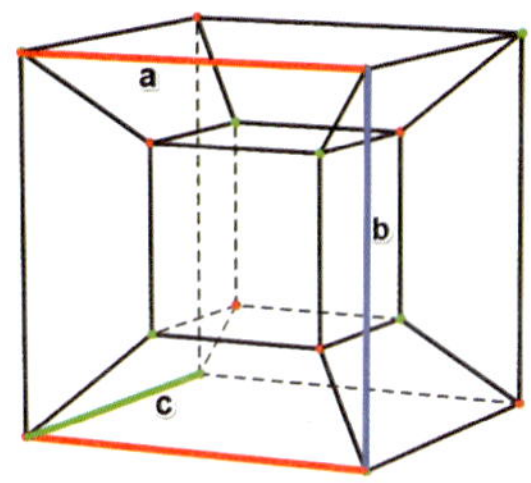

abac

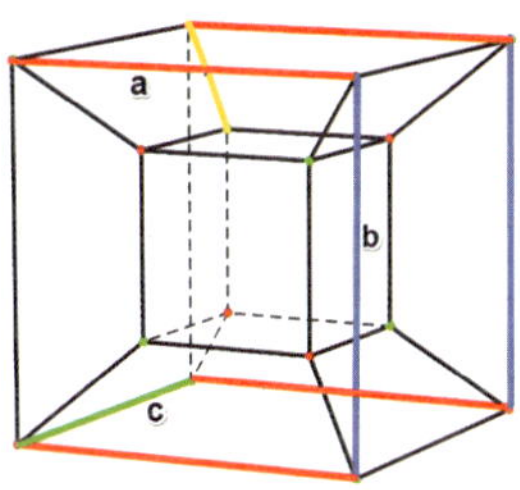

abacabad

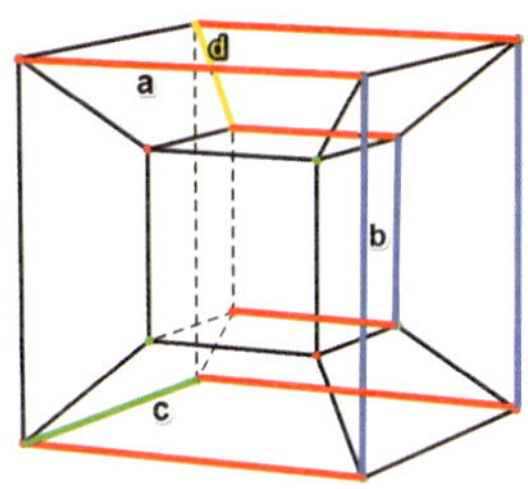

abacabadaba

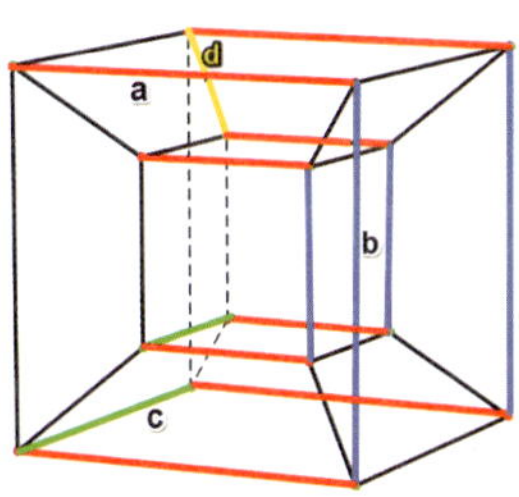

a b a c a b a d a b a c a b a

하노이탑 4개 옮기는 것과 4차원에서의 정육면체에서 해밀턴 경로를 구하는 것이 같다.

일반적으로 하노이탑 n개 옮기는 방법과 n차원에서의 정육면체 해밀턴 경로를 구하는 방법이 같다고 알려져 있다.

	c	b	a	
1	0	0	I	a
2	0	I	0	b
3	0	I	I	a
4	I	0	0	c
5	I	0	I	a
6	I	I	0	b
7	I	I	I	a

일반적인 방법으로 1씩 더하여 이진합을 구할 때 1이 맨처음 나오는 기호를 차례로 적으면 하노이탑 옮기는 순서를 알 수 있다.

126 구연환
(九連環, chinesering, 수열의 귀납정 정의)

9개의 링이 쇠때에 올려져 있고 이 9개의 링을 쇠때로 부터 내려놓는 퍼즐은 중국 송나라 때 장수가 전쟁터로 나갈 때 아내의 슬픔을 위로하고자 만들었다는 이야기기 전해지고 서양에서는 14세기에 기록으로 남아 있다.

퍼즐의 원리는 매순간 오직 두개의 움직일 수 있는 링만이 존재한다는데 있다.

a. 첫 번째 링은 어떤 순간에도 쇠때로 부터 움직일 수 있는 두 개 링 중의 하나이다.
b. 또 다른 한 개의 링이 움직이기 위해서는 바로 앞에 링이 쇠때에 올려져 있어야 하고 이 앞의 링은 내려져 있어야 한다. 예로 모든 링이 쇠때에 올려져 있다면 첫 번째 링과 두 번째 링만이 움직일 수 있다.

풀이의 기본적인 방법은 홀수번째 링을 움직일 때는 첫 번째 링을 움직이고, 짝수번째 링을 움직이기 위해서는 두 번째 링을 먼저 움직여야 한다.

몇 가지 예를 들어본다.

링 두 개를 내리는 방법 $a_2 = 2$

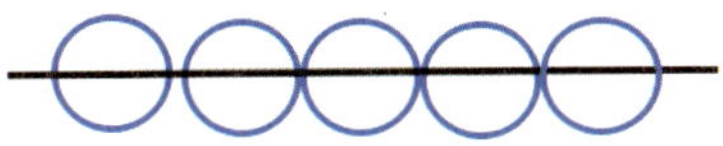

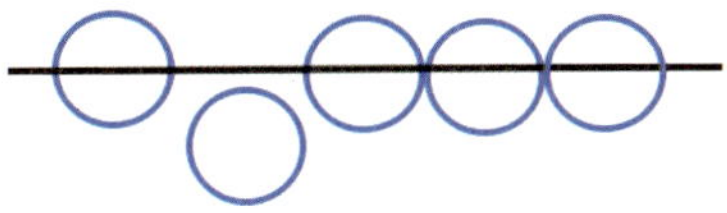

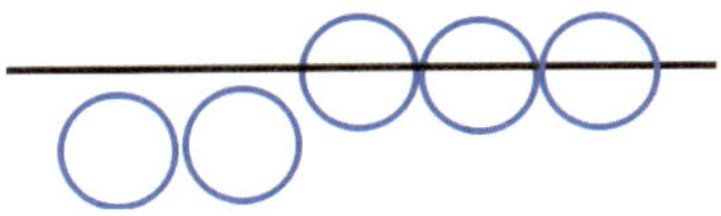

2번 링을 내린 후 언제든 움직일 수 있는 1번 링을 움직인다.

링 3개를 내리는 방법 $a_3 = a_1 + 1 + a_1 + a_2$

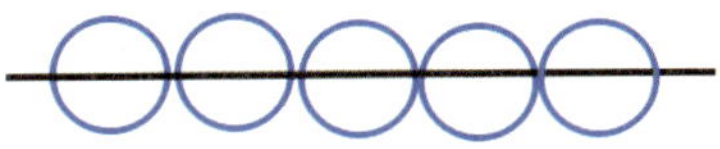

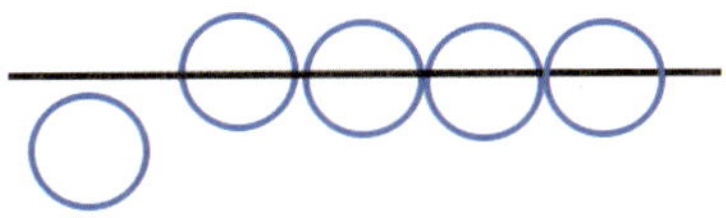

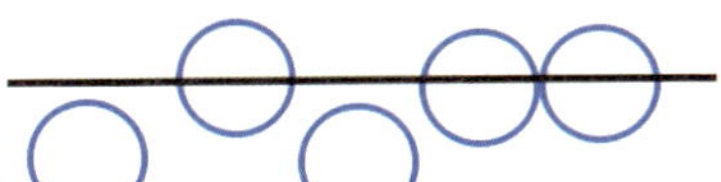

$a_1 + 1$ **3번 링을 내리는 방법**

$a_1 + 1 + a_1$ 2번 링을 내리기 위해 1번 링이 올라간다.

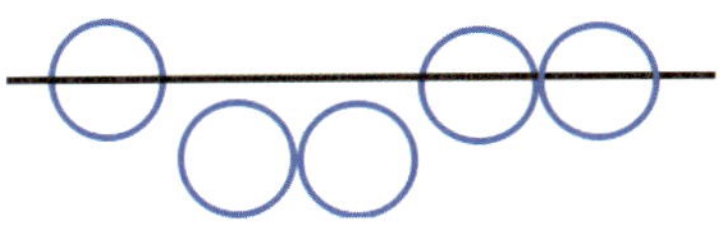

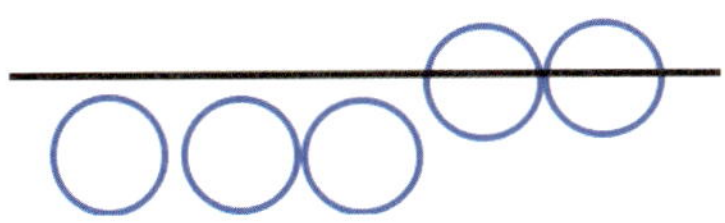

$a_3 = a_1 + 1 + a_1 + a_2$ 이제 링 두 개 내리는 방법을 더한다.

링 5개를 내리는 방법 $a_5 = a_3 + 1 + a_3 + (a_4)$

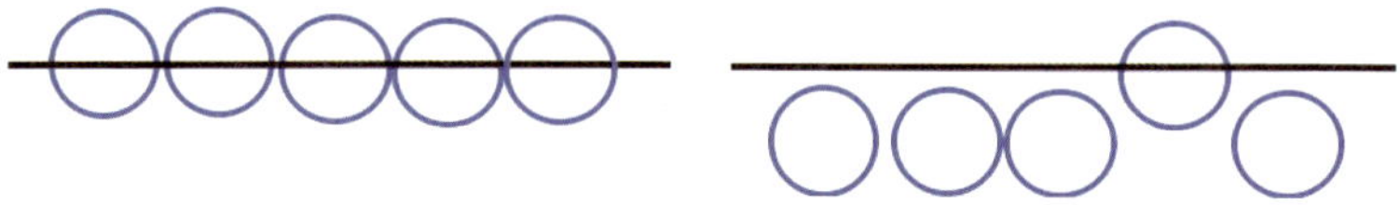

$a_3 + 1$ 3개의 링이 내려가야 5번 링을 내릴 수 있다.

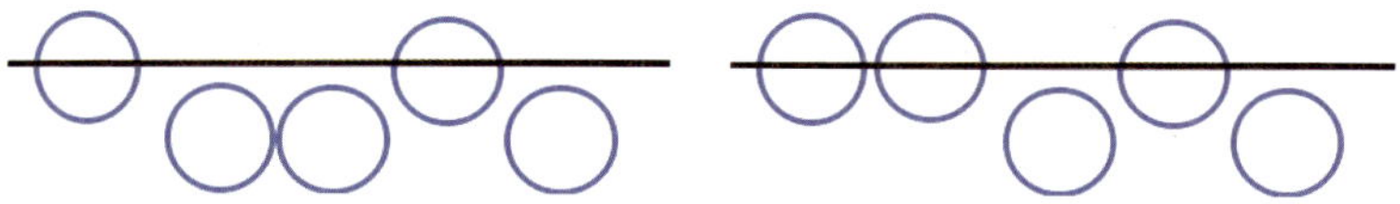

다음은 4번 링이 내려지는 과정이므로 3개의 링이 다시 올려져야 한다.

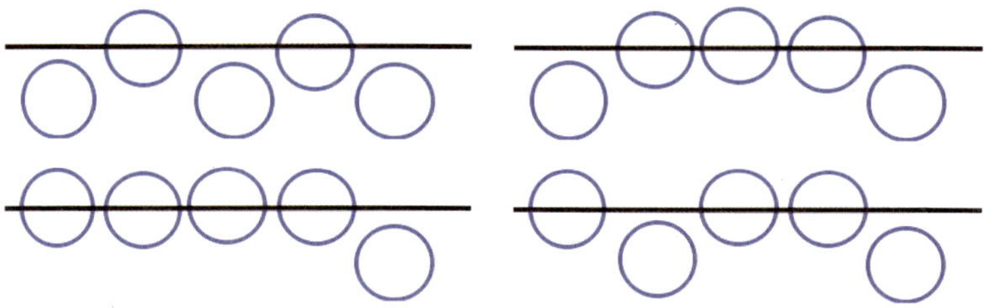

$a_3 + 1 + a_3$ 4번 링이 내려지는 방법이다

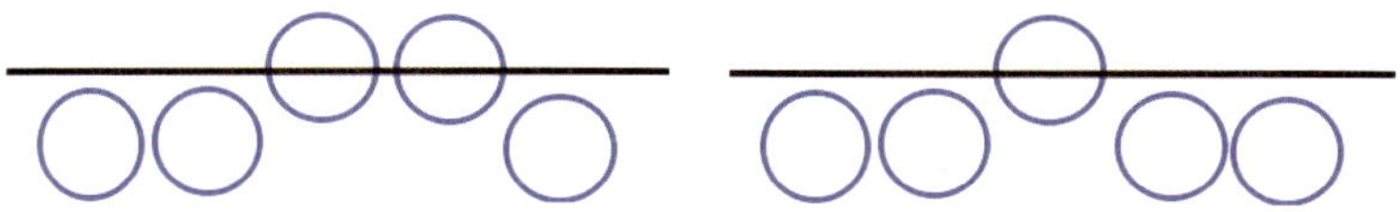

$a_3 + 1 + a_3 + (a_2 + 1)$

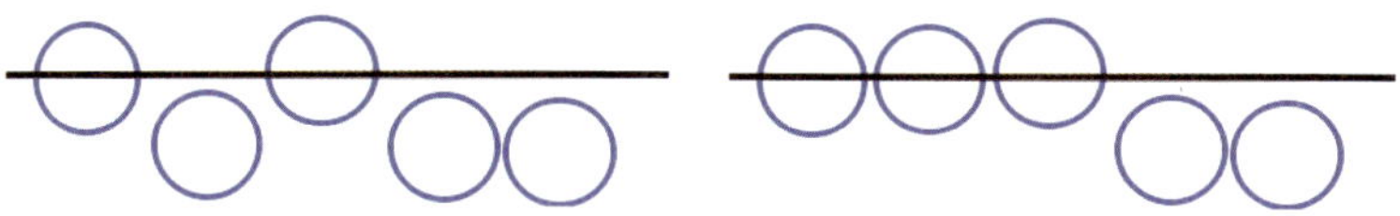

$a_3 + 1 + a_3 + (a_2 + 1 + a_2)$

$a_3 + 1 + a_3 + (a_2 + 1 + a_2 + a_3)$

$a_5 = a_3 + 1 + a_3 + (a_4)$

일반화하여 다음의 공식을 얻을 수 있다.

a_n을 n개의 링을 제거하는데 움직이는 횟수라 정의하여 점화식으로 일반화하면 다음과 같다.

$a_1 = 1$

$a_2 = 2$

$a_3 = a_1 + 1 + a_1 + a_2 = a_2 + 2a_1 + 1 = 5$

$a_4 = a_2 + 1 + a_2 + a_3 = a_3 + 2a_2 + 1 = 10$

$a_k = a_{k-1} + 2a_{k-2} + 1$

$a_n = a_{n-1} + 2a_{n-2} + 1$
$a_n + a_{n-1} + 1 = 2(a_{n-1} + a_{n+2} + 1)$

$s_n = a_n + a_{n-1} + 1,\ s_2 = 4$

$S_n = 2S_{n-1} = 2^{n-2}S_2 = 2^n,\ \ n > 2$
$a_n + a_{n-1} = 2^n - 1$
$a_{n-1} + a_{n-2} = 2^{n-1} - 1$

$a_n - a_{n-2} = 2^n - 1 - (2^{n-1} - 1) = 2^n - 2^{n-1}$

항별로 위 수열을 더하면

$n = 2k$, 짝수일 때, $a_n - a_2 = 2^{2k-1} + 2^{2k-1} + \cdots + 2^3$

$$a_n = 2^{2k-1} + 2^{2k-3} + \cdots + 2^3 + 2^1$$

$$a_n = \frac{2(4^k - 1)}{4-1} = \frac{2(2^{2k} - 1)}{3} = \frac{2(2^n - 1)}{3}$$

$n = 2k+1$, 홀수일 때,

$a_n - a_1 = 2^{2k} + 2^{2k-2} + \cdots + 4$

$a_n = 2^{2k} + 2^{2k-2} + \cdots + 4 + 1$

$$a_n = \frac{1(4^{k+1} - 1)}{4-1} = \frac{2^{2k+2} - 1}{3} = \frac{2^{2k+1+1} - 1}{3} = \frac{2^{n+1} - 1}{3}$$

참고로 하노이 탑도 일반항을 구할 수 있다. a_n을 n개의 돌을 옮기는 수라고 하면

$$a_n = 2a_{n-1} + 1, a_1 = 1$$
$$a_n + 1 = 2(a_{n-1} + 1), a_n + 1 = (a_1 + 1)2^{n-1}$$
$$a_n + 1 = 2^n, a_n = 2^n - 1$$

구연환 만드는 방법

국내에서는 아직 저렴하게 만들지 않기 때문에 집에서 쉽게 철사와 카드링 만으로도 만들 수 있다.

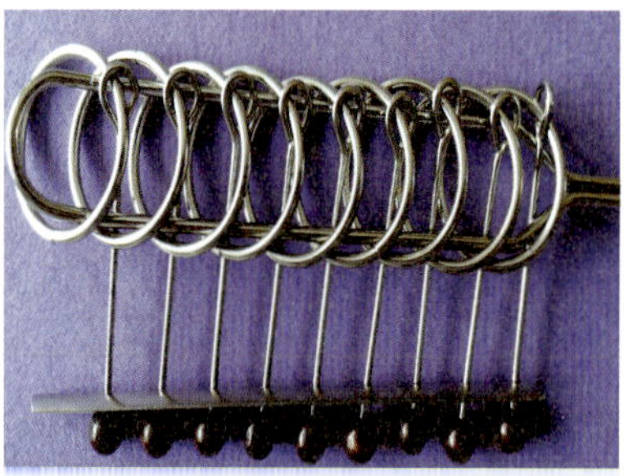
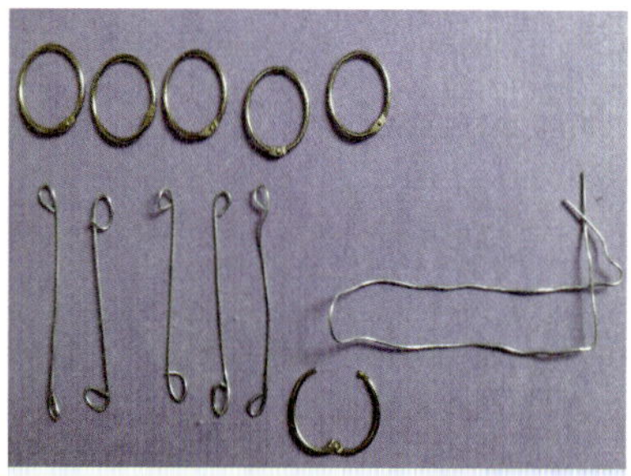

규칙적으로 5개의 링과 철사를 이어 나머지 한 개의 링에 꿰운다. 같은 원리로 다양한 나만의 방법으로 만들 수 있다.

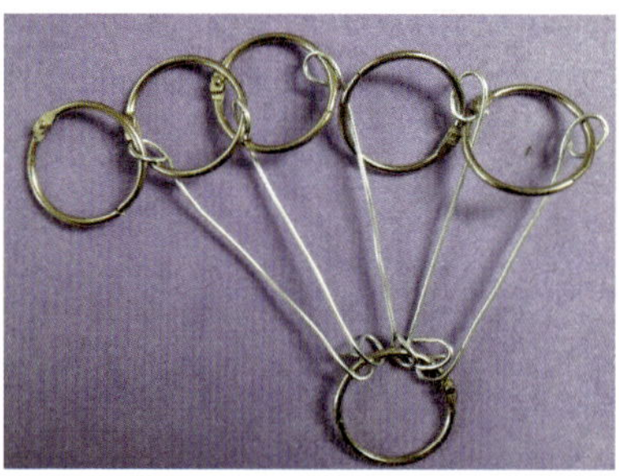

쇠때에서 링이 내려진 모습

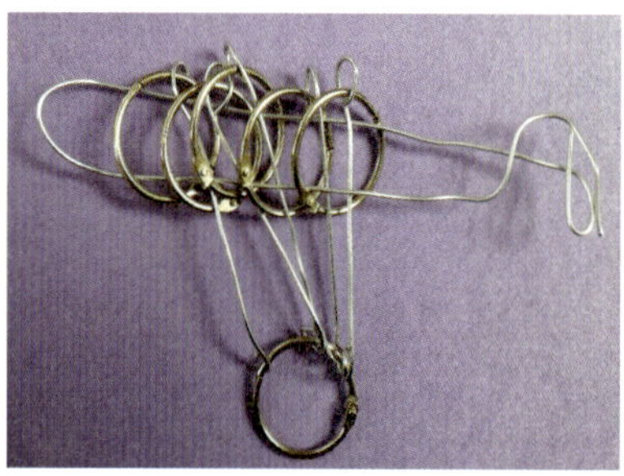

쇠때에 링이 올려진 모습

127 모자색 맞추기 (수학적 귀납법)

참여자가 자신에게 씌어진 모자색을 귀납적으로 유추하는 과정으로 수학적 귀납법의 과정이 고스란히 담겨 있다.

① 모자의 종류는 두 가지, 노란색과 빨간색 모자만 있고 참가자는 이를 알고 있다.

② 진행자는 둘러앉은 참가자에게 모자를 씌운다 (진행자는 노란색 모자만 씌운다. 관중들은 이를 모르며, 자신의 모자색을 알 수 없다)

③ 참가자들 중 노란 모자가 보이는 참가자는 손을 든다.

A를 포함한 참가자가 3명이었을 때 3명 모두 손을 들었다면 A는 자신의 모자색을 알 수 있을까?

원리

참가자 1, A 두 명인 경우

진행자가 두 명 모두에게 노란 모자를 씌우게 되면 두 명 모두 손을 들 것이고 이 결과를 알게 된 참가자는 본인의 모자 색을 노란색으로 추론할 수 있다.

참가자 1, 2 다음으로 3번째 참가자(A)가 참여하게 되면 진행자는 3명 모두에게 노란 모자를 씌울 것이고 3명 모두 손을 들 것이다. 일정시간이 흐른 후 누구도 본인의 모자 색을 추론하지 못하는 것을 알게 된 한명(A, 3번째로 참가하게 된 참가자)은 본인의 모자색이 노란색임을 추론할 수 있다. 만약 A의 모자색이 빨간색이었다면, 1과 2는 앞의 경우처럼 본인의 모자 색을 추론할 수 있었을 것이다.

같은 방법으로 4번째 참가가 A가 합류해서도 일정시간이 흐른 후 누구도 본인의 모자 색을 추론하지 못하는 것을 알게 된 A는 본인의 모자색이 노란색임을 추론할 수 있다. A의 모자가 빨간색이었다면 상황은 참가자가 3명이었을 때와 같아질 것이고 앞의 경우처럼 누군가는 본인의 모자 색을 추론할 수 있었을 것이다.

$P(n)$를 n명의 참가자에게 위 게임을 하였을 때 n번째 사람이 본인의 모자 색을 추론하는 명제라고 할 때, $P(2)$가 참이고, $n=k$, $P(k)$가 참이면, $P(k+1)$도 참이 되어 일반화 할 수 있다.

128 확률게임

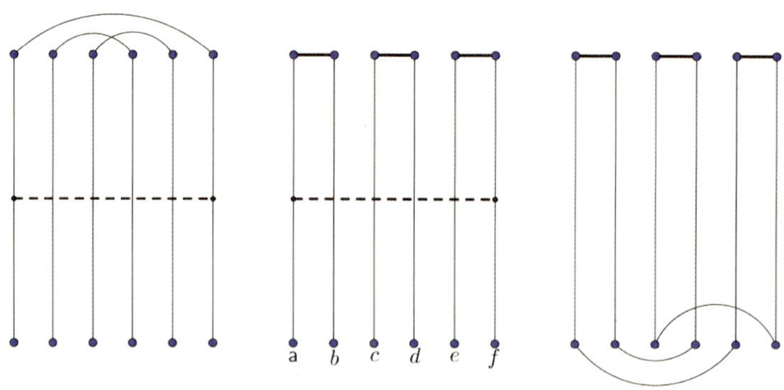

A가 임의대로 3쌍을 묶어도 단순화 될 수 있다.

러시아에서 유행하던 놀이로 A, B 두 명이 내기로 할 수 있는 게임이다. A가 먼저 6개의 줄 중 임의의 3쌍을 묶고 묶인 것을 안보이게 한 후(점선 따라 접은 후) B에게 다른 쪽 6가닥줄 중 임의의 3쌍을 정하여 매듭을 만들어 펼칠 때 큰 원이 만들어 질지, 또는 분리될지를 물어 어느 쪽에 돈을 걸겠는가라는 질문으로 시작한다.

원이 만들어질 확률부터 생각해 보자

이게임은 6개의 선을 그리고 A가 먼저 임의의 두 점씩 3개의 변(묶음)을 그리고, 점선을 중심으로 접어 A가 한 것을 안보이게 한 후 B가 다른 쪽 6개의 선분 중 두 점씩 3개의 선(묶음)을 그려 원이 만들어지는 확률을 구하는 것과 같다. A가 임의의 두 점씩 정해 3개의 선분을 연결한 결과는 모든 경우 가운데 그림과 같다. 원이 만들어지는 경우는 먼저 a는 b만 제외하고 c,d,e,f 중 어느 점을 연결해도 원을 만들 수 있다. 따라서 원이 만들어 지기 위해서는 a는 $\frac{4}{5}$, a가 e와 연결되었다면 b는 c,d,f 중 f만 제외하고 가능하므로 b는 $\frac{2}{3}$가 된다.

나머지 남은 두 점은 연결이 되면 반드시 원이 되므로 1이 된다. 따라서 원이 만들어질 확률은 $\frac{4}{5}\times\frac{2}{3}=\frac{8}{15}$로 직관보다 절반이 더 넘는다.

일반화 하여 4개의 줄에 대해서는 $\frac{2}{3}$, 8개의 줄에서는 $\frac{2}{3}\times\frac{4}{5}\times\frac{6}{7}$으로 일반화 될 수 있다.

129 사면체 트릭

정다면체 중 사면체만 가지는 특성을 이용하여 다음의 트릭을 할 수 있다.

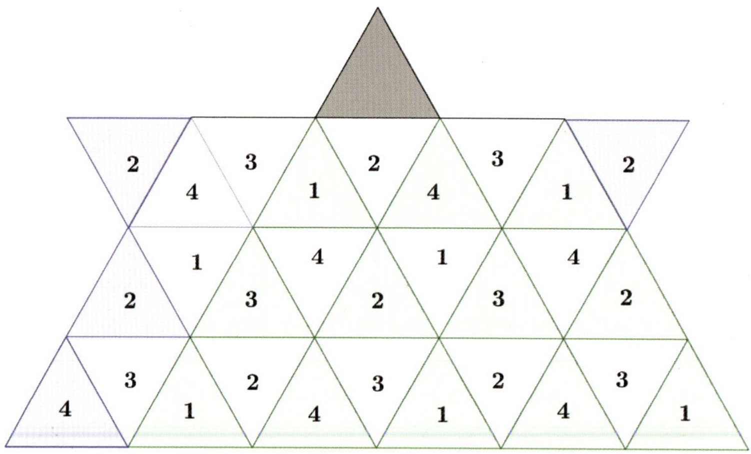

게임판의 위치 (https://drive.google.com/open?id=0Bz0GKZKNxcnoLW5yc1RRd1ZjQm8)

① 마법사는 검뎅이가 묻은 쪽이 위로 가게하고 시작위치에 놓은 후 등을 뒤로 한다.

② 관중은 변을 따라 사면체를 눕히는 과정을 여러 번 하며 마지막 위치(사면체의 밑변 숫자)를 기억한다.

③ 관중은 슬라이드(평행이동)로 처음위치로 이동시킨다.

④ 마법사는 사면체의 마지막 위치(밑변숫자)를 알 수 있다.

예시

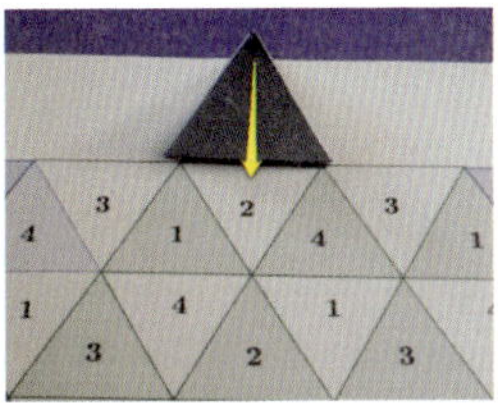

마법사는 시작위치에 검뎅이가 위로 가게 놓는다.
관중은 눈치 채지 못한다.

관중은 변을 따라 사면체를 눕혀 임의번, 임의방향으로 이동시킨다.

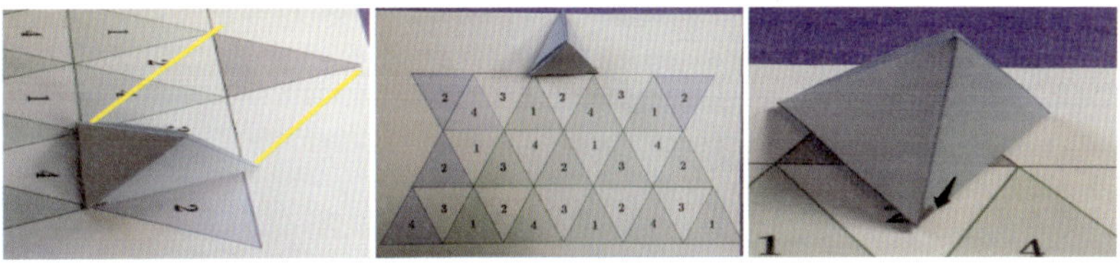

관중은 마지막 위치의 사면체 바닥의 숫자를 기억하고 그대로 처음 시작 위치로 사면체를 옮긴다.

원리

검뎅이 위치에 따른 밑변이 위치한 수

검뎅위치 오른쪽 모서리 1

검뎅위치 밑변 2

위쪽모서리 3

왼쪽모서리 4

일정한 방향으로 3번 회전하면 본래의 모양이 되므로 각 번호에 해당되는 검뎅이 위치만 기억하면 된다. 검뎅이의 가장 좋은 재료는 손때로 마법사만 인식할 수 있어야 한다. 손때가 없는 경우 연필심을 조금 갈아 만지면서 한쪽 모서리에 살짝 묻히면 된다.

풀없이 사면체를 접는 전개도
시계방향으로 접어가면서 마지막은 끼워 넣는다.

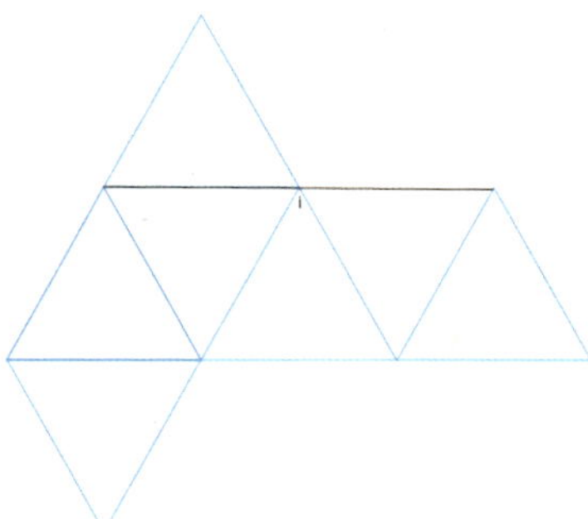

130 최석정 방진 (오일러 라틴직교 방진)

위 디자인 조합에서 가운데 부분에 들어갈 디자인을 구하면?

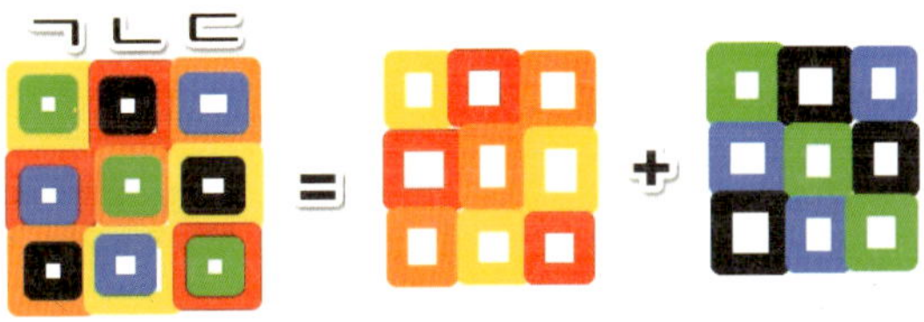

같은 문제로 A, J, Q, K의 네 가지 옷 ♡,♠,◇,♣ 16장의 카드로 4×4 행렬을 만드는데 모든 행과 열에 같은 숫자와 옷이 중복되지 않게 할 수 있는가?

J◇	Q♡	K♠	A♣
Q♠	J♣	A◇	K♡
K♣	A♠	J♡	Q◇
A♡	K◇	Q♣	J♠

위 문제는 조선의 자랑스러운 수학자 최석정의 방진에 관한 문제로 응용으로는 세 개의 토양 ㄱ, ㄴ, ㄷ에 세 가지 품종의 벼(노랑, 빨강, 살

구)에 세 가지 농약(연두, 파랑, 검정)의 효능을 실험하기 위한 가장 효율적인 실험계획을 세우는데 이용될 수 있다.

최석정 방진이란?

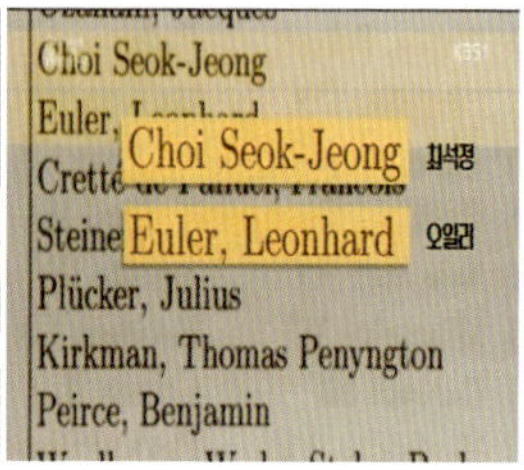

출처 : 위대한 유산 – 1편, 수학 조선(KBS 다큐프로그램)

직교라틴방진은 유럽의 천재 수학자 레온하르트 오일러의 발견보다 60여 년 앞서 최석정에 의하여 발견된 것으로 최근에 밝혀져 주목을 끌었다. 그 같은 사실은 2006년 11월에 발간된 '조합론 디자인편람(Handbook of Combinatorial Design, Chapman & Hall / CRC 출판)'에 언급되면서 세계 최초임을 국제적으로 인정받아 오일러 보다 먼저 이름을 올린다. 이런 방진을 이제부터 최석정 방진으로 불러야 되지 않을까 싶다.

구수략은 조선 후기의 문신 최석정이 지은 수학책으로 형이상학적인 수의 사상과 수학상의 이론 및 계산기술이 미분리된 채로 다루어진다.

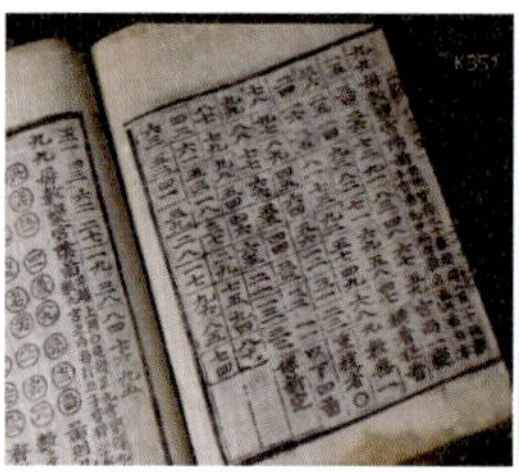

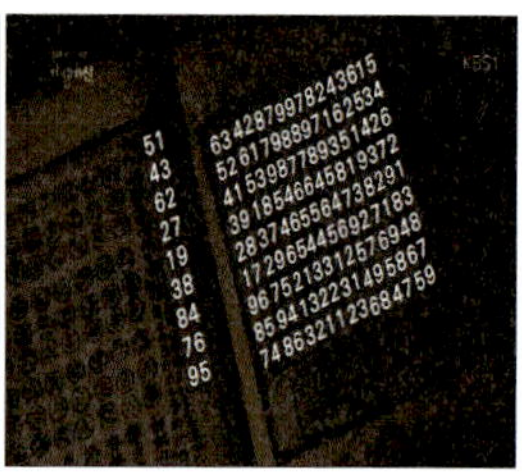

최석정의 구수략에는 9차 라틴직교방진이 기술되어 있으며 10차 최석정 방진 풀이에 도전하고 있었다.

a	b	c	d
b	a	d	c
c	d	a	b
d	c	b	a

α	β	γ	δ
γ	δ	α	β
δ	γ	β	α
β	α	δ	γ

$a\alpha$	$b\beta$	$c\gamma$	$d\delta$
$b\gamma$	$a\delta$	$d\alpha$	$c\beta$
$c\delta$	$d\gamma$	$a\beta$	$b\alpha$
$d\beta$	$c\alpha$	$c\delta$	$a\gamma$

정사각형의 행과 열에 특정문자가 한번씩만 나오는 라틴방진(오일러가 라틴어로 연습했다고 함)이라고 하며 두 개의 라틴방진을 겹쳐 놓은 것을 라틴직교방진이라 한다.

오일러는 6차 최석정 방진을 만들지 못하면서 $n=4k+2$차 최석정 방진은 만들지 못할 것이라는 추측(1872)을 한다. 하지만 수학자들에 의하여 1959년 2세기 동안 풀리지 못한 추측은 잘못된 것으로 판명난다.

00	47	18	76	29	93	85	34	61	52
86	11	57	28	70	39	94	45	02	63
95	80	22	67	38	71	49	56	13	04
59	96	81	33	07	48	72	60	24	15
73	69	90	82	44	17	58	01	35	26
68	74	09	91	83	55	27	12	46	30
37	08	75	19	92	84	66	23	50	41
14	25	36	40	51	62	03	77	88	99
21	32	43	54	65	06	10	89	97	78
42	53	64	05	16	20	31	98	79	87

E. T. Parker and R. C. Bose and S. S.Shrikhand에 의하여 해결된 10차 최석정 방진과 디자인으로 승화된 10차 최석정 방진

131 나누기 배열

시행방법

① 마법사는 한 벌의 카드에서 관중이 고른 카드 한 장을 중간 부근에 넣고 순서대로 4개의 파일을 만든다.

② 마법사는 4개의 파일 중 관중에게 물어 관중이 정한 카드가 있는 파

일만 남긴다.

③ 다시 순서대로 4개의 파일을 만든다.

④ 마법사는 관중의 카드를 말할 수 있다.

예시

마법사는 관중이 고른 카드 4S를 한 벌의 카드 중간부근에 놓는다.

왼쪽부터 순서대로 만들어진 4개의 파일에서 관중의 카드가 있는 파일만 남긴다.

왼쪽부터 순서대로 나열했을 때 왼쪽에서 세 번째 파일의 가운데 카드가 관중의 카드가 된다.

원리

마법사가 관중의 카드를 가운데 넣을 때 대략 25,26,27,28번 위치에 놓여 지게 될 것이고, 13장의 관중의 카드가 있는 파일의 가운데 7번째장 카드가 관중의 카드가 된다.

1	2	3	4
⋮	⋮	⋮	⋮
21	22	23	24
25	26	27	28
29	30	31	32
⋮	⋮	⋮	⋮
49	50	51	52

132 카오스

시행방법

① 마법사는 시행 전에 카드의 옷별로 1~13까지 배열된 한 벌의 카드에서 차례로 세 개의 파일을 만들어 순서대로 놓고 임의대로 컷하여 임의대로 보이는 카드 한 벌을 관중에게 보여준다.

② 다시 순서대로 세 개의 파일을 만든 후 순서대로 걷어 한 벌의 카드를 만드는데 두 번 반복한다. 시행 전과 합하여 3번 만들게 된다.

③ 마법사는 임의대로 컷하면서 A(1)을 bottom에 놓은 후 top부터 순서대로 카드를 뒷면으로 왼쪽 아래부터 윗 방향으로 3행 4열 배열 후 13번째 장은 앞면으로 놓는데 Ace(1)이 될 것이다.

④ 다시 14번째 카드부터 왼쪽아래부터 순서대로 파일을 만들어 가며 26번째 카드는 앞면으로 놓게 되면 다시 Ace(1)이 될 것이다.

⑤ 같은 방법으로 파일을 만들게 되면 13개의 파일에 4장의 카드가 뒷면으로 되어 있을 것인데 이를 앞면으로 놓으면 모두 같은 숫자의 파일이 되어 있음을 보일 수 있다.

예시

시행 전 카드를 세팅하는 방법으로 문양별로 1~13정리된 한 벌의 카드를 순서대로 놓아 한 벌의 카드를 만든 후 순서대로 놓는다.

위 과정을 두 번 더한 후 파일을 나열한다.

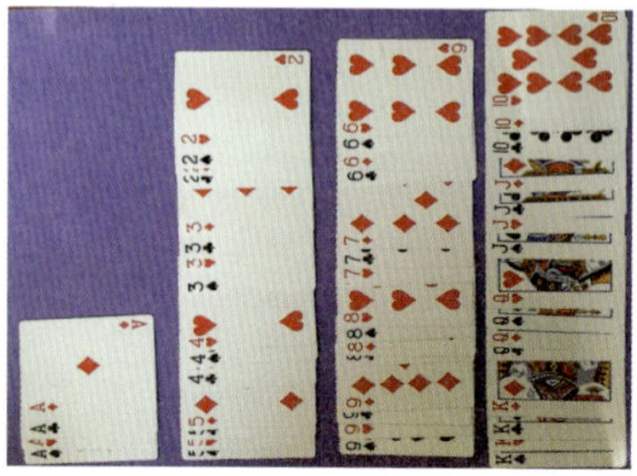

뒷면인 카드를 앞면으로 하면 같은 숫자의 카드 4개씩이 모이게 된다.

전략 1(1),2,3,4,5,6,7,8,9,10,11,12,13,1,2,3,4,5,6,7,8,9,10,11,12,13,1,2(28),3,4,... 52장의 카드 한 벌에서 1이 3번 반복되고 $3^3 = 27$ 다음 28번째에 2가 나오는 수열이다.

1(1),2,3,4,1,2,3,4,1,2(10),3,4... 같은 방법으로 1~4, 16장의 카드로 예 $3^2 = 9$ 다음 10번째에 2가 나오는 수열이므로 파일을 세 개 만들기를 두 번 반복 한다.

1(1),2,3,1,2(5),..., 6장의 카드 예에서 1이 두 번 반복되고 $2^2 = 4$에서 다음 5번째에 2가 나오는 배열을 찾을 수 있기 때문에 두 개 파일 만들기를 두 번하면 된다. 이를 일반화할 수 있다.

2n장의 카드에서 $1(1), 2, 3, \ldots, a, 1, 2, 3, \ldots, 1, 2(1\text{의 반복}^s = n+1), \ldots,$ 일 때 1의 반복 횟수만큼 새로운 파일 만들기를 s번 반복한다. 이때 우선 $n+2$ 자리에는 2가 나오면서 반복되어야 한다.

133 패리티 카드 트릭 4×4

① 마법사가 16장의 카드를 4×4행렬로 뒷면으로 놓을 때 대각선에 원하는 키카드(Ace)가 오도록 한 후 키카드와 같은 parity를 갖는 카드는 앞면으로 놓는다.

② 관중에게 임의의 행이나 열을 선택하게 하면 마법사는 선택된 행이나 열을 접어 결국 하나의 파일을 만든다.

③ 파일을 일렬로 나열하면 키카드만 같은 면을 가진다.

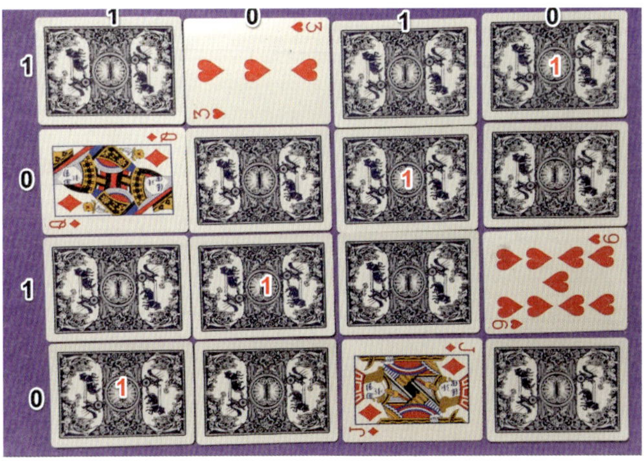

모든 카드는 행과 열의 홀수, 짝수, 앞면(홀수), 뒷면(짝수)의 이진합에 따라서 하나의 정해진 값을 가지게 된다. 대각선의 키카드에 대칭인 4개의 카드를 앞면으로 하면(지금은 앞면인 4개의 카드는 뒷면이었을 대각선과 같은 홀수였다) 대각선 키카드만 홀수가 되고 나머지 12개의 카드는 같은 짝수가 된다.

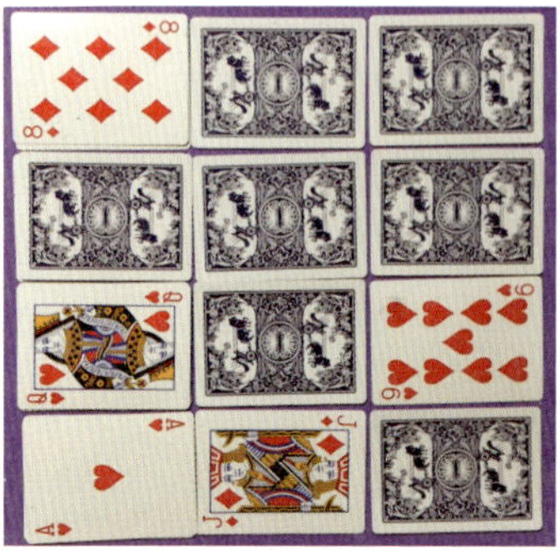

1행과 1열을 접었다.

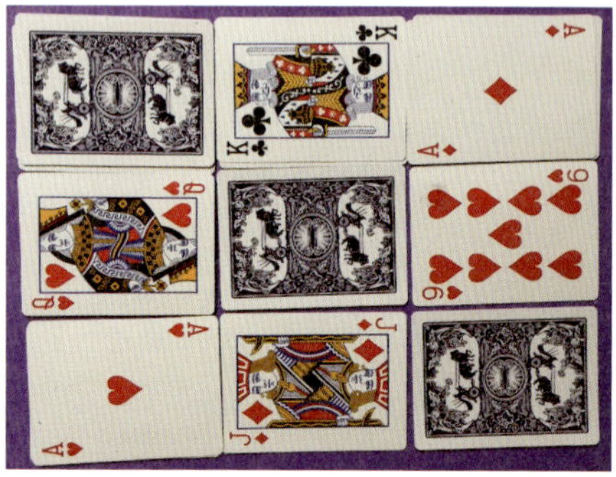

행과 열이 바뀌어 앞과 뒤가 바뀌어도 각 카드가 처음 가졌던 값은 변하지 않는다.

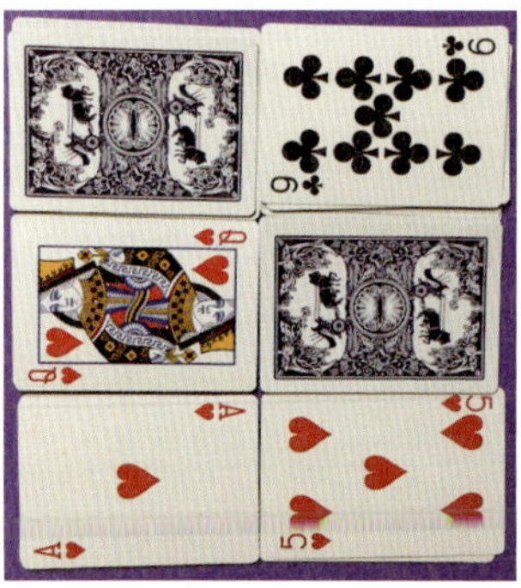

1행과 3열을 접었다.

1행을 접었다.

2열을 접었다.

1행을 접고 한 위치에 모두 모이게 되어 처음 같은 값이었던 대각선의 키카드만이 앞면 또는 뒷면이 된다.

134 패리티(parity) 카드 트릭 5×4

① 서로 다른 옷(C,H,S,D)의 카드 5장씩 20장를 준비하여 임의대로 섞는다.

② 관중은 임의의 옷을 고른다.

③ 마법사는 관중이 고른 옷의 parity를 조정하기 위하여 관중에게 두 장씩 카드를 보여주며 두 장 모두 뒤집을지 또는 한 장만 뒤집을지를 물어 관중이 원하는 방향으로 놓아 파일을 만든다.

④ 마법사는 hummer 셔플을 한다.

⑤ 마법사는 순서대로 4×5행렬로 놓은 뒤 행, 열로 접어 거두면 관중이 고른 옷만 같은 면을 갖는다.

원리

③에서 parity 조정하는 방법(관중이 스페이드를 고르면 스페이드가 키카드가 된다)

두 장 카드중 한 장이 키카드, 다른 한 장은 키카드가 아닌 경우 두 장을 앞면으로 할지 뒷면으로 할지 묻는다.

뒤집지 않을 경우 (키카드가 홀수, 비카드 짝수), 뒤집을 경우(키카드 짝수, 비카드 홀수)로 놓는다.

두 장이 모두 키카드인 경우 두 장 중 뒷면으로 할 카드를 관중에게 묻는다.

마법사는 관중이 원하는 카드를 뒷면으로 놓되 짝수 자리(2번째)에 놓는다.

두 장이 모두 키카드가 아닌 경우 두 장중 뒷면으로 할 카드를 관중에게 묻는다.

마법사는 관중이 원하는 카드를 뒷면으로 앞(홀수) 다른 카드는 앞면으로 (짝수)에 놓는다.

카드파일을 접는 방법

관중이 5◇를 선택했고 마법사는 5◇ 앞면이 뒷면이 되도록 180도 뒤집어 2♠를 덮었다.

5◇,2♠가 합쳐진 다시 180^0 회전하여 4◇를 덮은 후 하여 5◇,2♠,4◇가 하나의 파일이 된다. 파일이 대각선으로 움직일 때는 평행이동한다.

좌우 상하로 움직일 때는 180도 회전하여 겹치면서 이동하고 대각선으로 움직일 때는 그대로 평행이동한다.

키카드만 같은 면을 하게 된다.

135 패리티 카드 트릭 앞면, 뒷면

① 5장은 앞면, 5장은 뒷면으로 카드를 놓아 파일을 하나 만든다.

② 임의대로 파일을 컷한다.

③ 짝수 번째 카드를 뒷면으로 한다.

④ hummer 셔플을 한다.

⑤ 짝수 번째 카드를 뒷면으로 한다.

처음에 뒷면이었던 카드만 같은 면을 갖는다.

10장의 카드 중 5장 빨간색 카드만 뒷면으로 한 상태

임의의 컷, 짝수 번째 카드 앞뒷면 바꾸기, hummer 셔플을 한다.

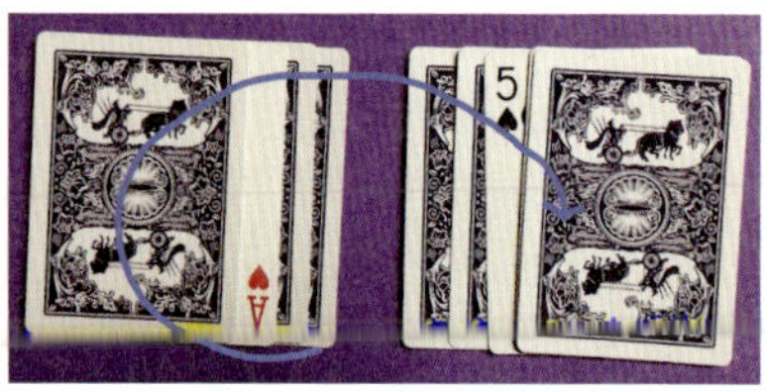

왼쪽, 오른쪽으로 파일을 나눈 뒤 한쪽 파일을 한 번에 뒤집어(앞뒷면을 바꿔) 다른 파일 위에 올려놓는다.

처음처럼 카드의 앞뒷면이 구분된다.

136 당신의 카드 1

① 마법사는 9장의 카드에서 관중이 고른 카드를 top에서부터 3번째에 놓는다.
② 관중은 관중의 카드 또는 거짓카드의 숫자와 문양을 말한다.
③ 마법사는 카드숫자의 스펠링, of, 카드 문양 스펠링 수에 따라 카드를 배열한다.
④ 마법사는 관중의 카드를 말할 수 있다.

9장의 카드중에서 관중이 정한 카드를 top부터 3번째 위치에 놓는다. 가령 관중의 카드가 3♠(three of spade)라고 하자

관중에게 관중이 정한 카드의 숫자를 묻고 그 철자만큼(three=5) top부터 차례로 놓고 나머지 파일을 올려놓는다.

"of"에 해당하는 두 장의 카드를 내려놓고 나머지 파일을 올려놓는다. 이제 마지막으로 옷을 묻게 되면 "spade" 5장을 차례로 내려놓고 남은 파일더미를 오려놓아도 같은 모양이 된다. 마지막으로 "truth", "magic", "당신의 카드" 즉 5번째 카드가 관중의 카드가 된다.

전략) 숫자 Ace=3~ eleven=6, of =2, clubs=5~diamond=7이므로 항상 위의 결과가 된다. top에서 3번째 위치한 카드는 '숫자'+'of'+'문양' 후에 항상 top에서 5번째 위치하게 된다.

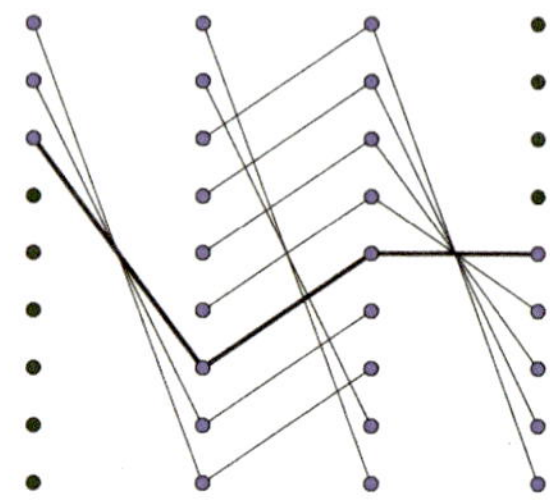

137 멘탈붕괴

① 관중은 한 벌의 카드에서 균등하게 6개의 파일로 나누어 바닥에 놓는다.

② 관중은 파일하나를 선택하고 그 파일에서 한 장의 카드를 정한다. 마법사는 이파일의 bottom을 기억한다.

③ 6개 카드파일을 하나로 합친 후 마법사는 ②에서 기억했던 bottom 카드가 다시 bottom으로 이동한 후 20장을 다시 bottom에 놓는다.

④ 한 장씩 차례로 4개의 파일을 만든다.

⑤ 관중이 정한 카드가 있는 파일을 3번째에 놓고 33번 카드가 관중이 정한 카드임을 말한다.

⑥ 관중의 카드가 아니라면 양 옆의 카드가 각 파일의 top에서 3번째가 되도록 놓고 그 다음 것을 한다.

균등하게 놓인 6개 파일

관중이 정한 파일에서 관중은 9♣, 마법사는 1◇ 기억한다.

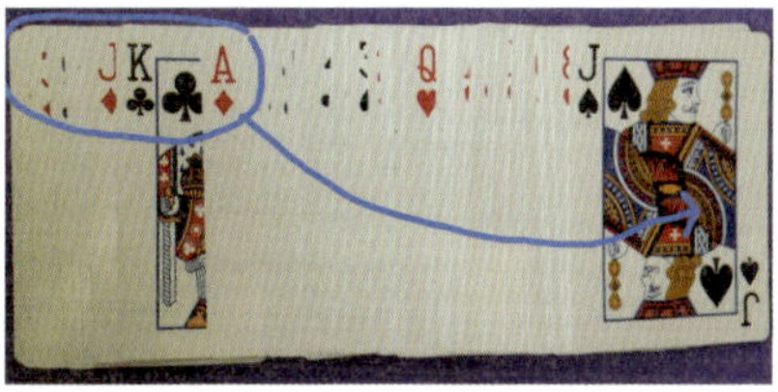

파일을 합친 후 마법사가 기억한 1◇를 bottom에 놓는다.

순서대로 4개의 파일을 만들어 관중이 정한 카드가 있는 파일을 3번째 위치에 놓고 뒷면이 보이는 한 벌의 카드를 만든다. 이제 관중의 카드는 top에서 33번째 카드일 확률이 높다(131 마법 응용).

33번째 카드를 확인하는 방법
(1번 마법 응용)

17번째 카드가 관중의 카드가 아니라면 찾을 수 있는 힌트를 준다. 양 옆 카드의 첫 장이 관중의 카드이므로 136 마법 응용을 한다.

양 옆 파일을 9장 남긴 체 top카드를 3번째 위치에 놓는다.

eleven=7장 만큼 바닥에 놓고 나머지 파일을 올린다.

두 장(of)을 다시 바닥에 놓고 나머지 파일을 올려놓는다.

옷(diamond)만큼 다시 내려 놓고 나머지 파일을 올려놓는다.

'truth' 또는 'magic' 또는 '당신의 카드'에 해당되는 5번째 카드가 관중의 카드가 된다.

원리

1, 131, 136 마법 응용

138 당신의 카드 2

① 뒷면인 Top부터 King, Queen 순으로 C,H,S,D,C,H,S,D로 놓는다.

② 관중은 카드하나를 고른다.

③ 마법사는 faro out 셔플을 하고 관중이 정한 카드가 있는 파일을 묻고 그 파일을 top에 놓는다.

④ 마법사는 faro out 셔플을 다시 하고 관중이 정한 카드가 있는 파일을 묻고 그 파일을 bottom에 놓는다.

⑤ 마법사는 faro out 셔플을 다시 하고 관중이 정한 카드가 있는 파일을 묻고 그 파일을 top에 놓는다.

⑥ 파일을 왼쪽, 오른쪽에 번갈아 놓아 두 파일을 만든다.

⑦ 뒷면인 오른쪽 파일을 뒤집어 놓고 왼쪽 파일을 다시 왼쪽, 오른쪽으로 번갈아 놓는다.

⑧ 오른쪽에 있는 가운데 파일을 뒤집어 놓는다.

⑨ 다시 왼쪽 파일의 두 장 중 Top을 왼쪽에 놓고 다른 파일을 뒤집는다.

⑩ 마법사는 왼쪽 마지막 파일이 관중이 정한 카드임을 뒤집어 확인시킨다.

King, Queen C,H,S,D,C,H,S,D순으로 된 파일에서 관중은 카드 하나를 고른다. K◇를 골랐다고 하자

지그재그로 파일을 이등분 하여 관중이 고른 카드가 있는 파일을 관중에게 물어 확인한다.

관중이 정한 카드가 있는 파일을 **위**(top)에 놓는다.

다시 지그재그로 파일을 이등분 하여 관중이 고른 카드가 있는 파일을 관중에게 물어 확인한다.

관중이 정한 카드가 있는 파일을 **아래**(bottom)에 놓는다.

다시 지그재그로 파일을 이등분 하여 관중이 고른 카드가 있는 파일을 이번에는 **위에**(top)에 위치시켜 뒷면인 한 벌의 카드를 만든다.

왼쪽, 오른쪽 번갈아 카드를 놓은 뒤 오른쪽 파일을 뒤집어 놓는다. 마법사는 관중이 정한 카드의 숫자를 알 수 있다. 숫자가 K란걸 안다.

왼쪽파일을 다시 왼쪽 오른쪽 번갈아 놓으면 3개의 파일이 된다.

가운데 파일을 뒤집어 넘겨 카드의 색을 본다. 관중카드의 색이 빨간 것임을 안다. 가장 왼쪽의 첫 장을 오른쪽으로 놓는다.

왼쪽에서 두 번째 카드를 뒤집는다.

관중 카드의 문양이 ◇임을 안다.

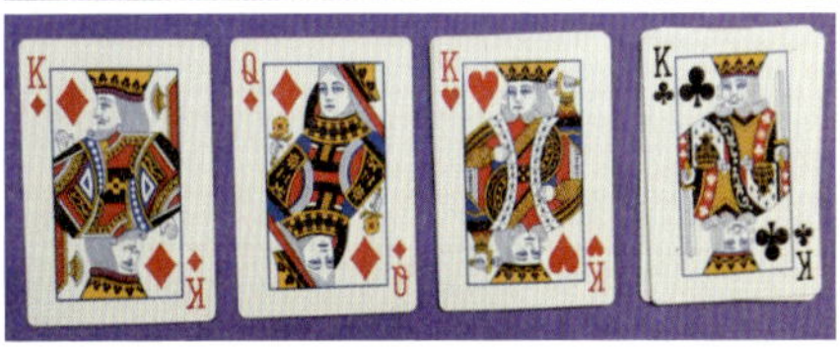

마지막 카드를 뒤집으면서 마법사는 관중의 카드가 K◇임을 말할 수 있다.

원리

③~⑤에서 과중이 정한 카드를 $3-1=010_{(2)}$, 3번째로 이동시키고 관중이 거짓말을 하든 말든 마법사는 ⑦에서 관중이 정한 카드의 문자, ⑧에서는 색, ⑨에서는 옷을 말할 수 있다. 마지막 ⑩에서는 ⑦~⑨까지의 결과로 관중이 선택한 카드를 말할 수 있다.

Bruijn 수열

Bruijn Sequence의 한 예는 0,1을 나열하여 서로 다른 정보를 줄 수 있는 수열로 수열의 길이가 2^k 라면 처음부터 k만큼씩 끊어서 새로운 정보를 줄 수 있다. 구하는 방법은 오일러 경로를 이용하여 구할 수 있는데, 다음 그래프는 $k=3$인 경우로 00, 01, 11, 01 네 지점을 지나는 오일러 경로의 한 가지로 구할 수 있다. 구하는 과정은 00 자신을 잇는 경로 000, 00에서 01로 이어지는 경로 001, 두 경로를 이어 0001로 표현한다. 계속하여 01에서 11로 잇는 경로 011, 이것과 앞의 0001을 이어 00011과 표현하여 마지막 경로까지 0001110100으로 표현할 수 있다. 이것을 $k=3$에 대한 Bruijn sequence라고 하며 임의의 k에 대하여 $2^{2^{k-1}-k}$ 만큼 존재함을 Bruijn이 밝혔으며 Bruijn Sequence를 만드는 방법과 원리는 유한한 저장 공간에 최대한의 정보를 담을 수 있는 방법과 암호를 만들고 해독하는 것에 응용될 수 있다고 한다. Bruijn sequence를 만드는 다른 방법으로 위 수열인 경우

임의의 001에서 뒤의 세 자리 중 첫 번째 와 세 번째의 합을 이진수로 나타낸 것을 계속 뒤에 붙여나가는 방법이다. 001에서 첫 번째 0과 세 번째 1의 이진법합으로 $0+1=1$이므로 001뒤에 1을 붙여 0011을 만들 수 있고 뒤에서 세 자리 011에 대하여 첫 번째 0+세 번째 1의 이진법합이 1이므로 0011뒤에 1을 붙여 00111을 만들어 나가 0011101000을 만들 수 있다.

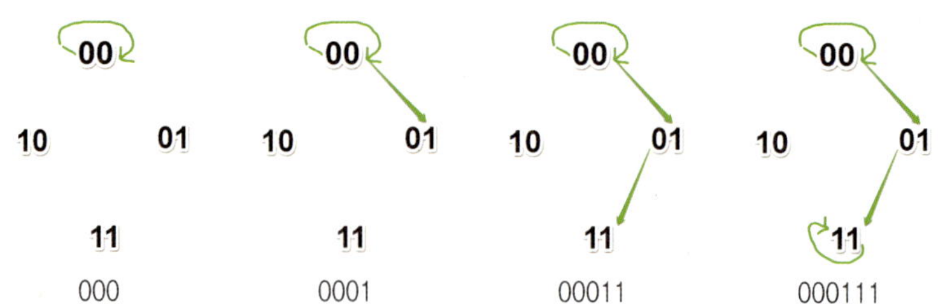

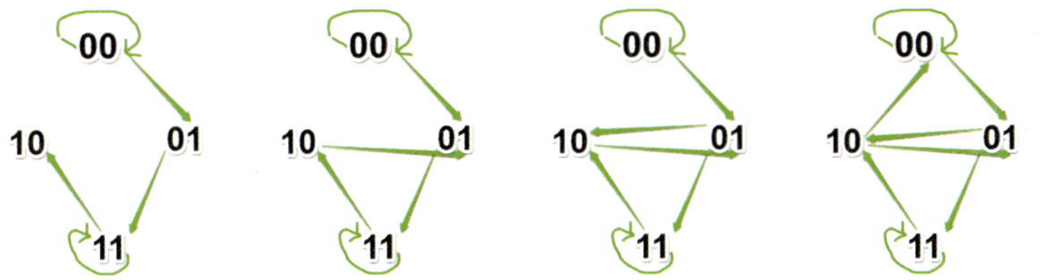

0001110 00011101 000111010 0001110100

$k=5$일 때 Bruijn Sequence를 만들어 마법에 응용해 보자.

연속된 5개의 숫자 중 앞의 두 숫자는 옷을 나타내고, 뒤의 세 개의 숫자는 1~8의 숫자 정보를 주는 Bruijn sequence를 아래와 같이 만들 수 있다.

01001011001111100011011101010000100

만드는 방법으로 임의의 01001에서 시작하여 뒤에서 5자리수중 첫 번째 0, 세 번째 0의 이진법합 0을 이어 010010을 만들고 뒤에서 5자리수 10010에서 첫 번째 1, 세 번째 0의 이진법합 1을 이어 0100101을 만들어 가면서 완성한다.

suit		value			
00	♣	000	001	010	011
01	♥	8	1	2	3
10	♢	100	101	110	111
11	♡	4	5	6	7

5자리수중 앞의 두 자리는 옷, 뒤의 3자리는 숫자의 정보를 주어 5자리씩 끊어 아래의 표를 만들 수 있다

01001	10010	00101	01011	10110	01100	11001	10011	00111
♥1	♢2	♣5	♥3	♢6	♥4	♡1	♢3	♣7
01111	11111	11110	11100	11000	10001	00011	00110	01101
♥7	♡7	♡6	♡4	♡8	♢1	♣3	♣6	♥5
11011	10111	01110	11101	11010	10101	01010	10100	01000
♡3	♢7	♥6	♡5	♡2	♢5	♥2	♢4	♥8
10000	00001	00010	00100	00000				
♢8	♣1	♣2	♣4	♣8				

표 만드는 방법

a. $2^5 = 32$로 0,1을 5번 사용하여 만들 수 있는 정보이므로 문양별로 1~8까지 카드를 꺼내어 위의 표처럼 배열한다.

b. 01001로 시작 한다면

옷	숫자
01	001

c. 첫 카드가 ♥1로 앞면으로 바닥에 놓는다. 이제 다음 카드를 얻기 위하여 첫 번째 0, 세 번째 0 $0+0=0_2$이므로 01001 뒤에 0을 적어 가면서 수열 010010을 얻게 된다. Bruijn Sequence를 만드는 방법은 여러 가지가 있을 수 있다. 지금 상황에서 첫 번째+두 번째 숫자를 합한 결과를 뒤에 적어나가도 Bruijn Sequence를 만들 수 있으며 다른 카드배열이 나오겠지만 마술에는 영향이 없다.

d. 뒤에서 5개의 숫자 10010에 해당되는 ♢2를 찾아 앞면으로 ♥1 위에 놓아 파일을 만들어간다.

e. 다시 뒤에서 다섯 개의 수 10010에서 첫 번째 1과 세 번째 0에 대하여 $1+0=1_{(2)}$을 붙여 0100101수열을 얻고 뒤에서 5개의 00101에 해당되는 3♣찾아 앞면으로 앞의 파일에 놓는다.

f. 이와 같은 방법으로 수열을 만든 후 마지막에는 (00000)에 해당되는, 8♣앞면으로 놓은 후 전체 파일을 뒤집어 뒷면 첫 장에 ♥1이 뒷면으로 오도록 한다.

139 Bruijn sequence 응용마술

① 미리 각 옷의 1~8까지 32장의 카드를 위와 같은 방법으로 구성하여 놓는다.

② 임의의 컷을 한 후에 5명이 한 장씩 순서대로 맨 위에서부터 갖는다.

③ 빨간색 카드를 가진 사람을 순서대로 확인하여 5장의 카드를 알 수 있다.

예시

관중 5명이 연속으로 고른 5장의 카드 중 앞의 3명은 빨간색, 뒤의 2명은 검정색이라고 말했다고 하자

첫 장은 11100 이므로 옷은 ♡, 숫자는 4가 되어 4♡가 된다.

그 다음 뒤에서 5개의 수열이 11000 이므로 8♡

그 다음 뒤에서 5개의 수열이 10001 이므로 1◇

그 다음 뒤에서 5개의 수열이 00011 이므로 3♣

그 다음 뒤에서 5개의 수열이00110 이므로 6♣

원리

1	1	1	0	0
1	1	0	0	0
1	0	0	0	1
0	0	0	1	1
0	0	1	1	0

Bruijn 수열의 구성 원리와 수열의 숫자가 하나씩 밀려 5칸 밀리면 처음 빨간색과 검정색의 배열만으로도 첫 장의 카드를 알 수 있다.

위의 예에서 정상적인 한 벌의 카드 52장에 대한 정보를 주는 구성 방법도 생각할 수 있는데, $2^6 = 64$이므로 0,1로 만들어진 수열을 6개씩 끊어서 정보를 만들 수 있고 쓸데없는 정보는 제외하면 된다.

00111001001......

앞의 두 수는 모양, 뒤 네 개의 수는 숫자를 나타내도록 구성할 수 있는데, 처음 여섯 개의 숫자 그 다음 숫자는 첫 번째 숫자와 두 번째 숫자의 이진법에 의한 합으로 하고 이 과정을 계속 이어간다. 위의 예에서는 앞의 두 수가 00이므로 ♣이고 숫자부분이 1110이므로 14를 말하는데 카드에는 14가 없으므로 넘어가고 그 다음 두 숫자가 01이므로 ♥, 그 다음 네 숫자가 1100이고 12를 뜻하므로 첫 카드가 12♥부터 구성하면 된다. 여러 변수를 바꿔가며 자신만의 마술을 만들 수 있다.

※ 수학카드 마술에 사용되는 배열

'Si Stebbins' 방법

숫자는 1,4,7,10,K,3,6,9,Q,2,5,8,J와 같이 공차가 3인 등차수열로 외우기 쉽게 만들 수 있다. 순서대로 모양은 앞에서와 같이 C,H,S,D의 순서대로 한다.

만드는 방법은 C,H,S,D 순서대로 네 개의 파일에 K앞면이 Top로 1이 앞면으로 Bottom에 오게 한다. C파일에는 1이 Top 오게 하고, H파일에는 밑에서 4이후의 파일이 앞으로 오게 하여 4가 Top 오게 하고, S파일에서는 7이 Top 오게 하고, D파일에서는 10이 Top 오게 하여 C파일부터 한 장씩 앞면으로 걷은 후 뒤집는다.

각 문양별로 1~13 순서대로 놓는다.

각 파일의 1,4,7,10 이 top에 오도록 컷하여 놓는다.

차례로 카드를 걸어 하나의 파일을 만든다.

주기함수(수열의 일반항 구하기)

52장 한 벌의 카드를 위 Si Stebbins 방법으로 배열했을 때, a_n =N번째 카드라 하면 문양은 주기가 4이므로 각각의 함수(수열)를 다음과 같이 만들 수 있다.

a_n	문양	1	2	3	4	5	6	7	8	9	10	11	12	13
$4n-3$	♣	1	5	9	13	17	21	25	29	33	37	41	45	49
$4n-2$	♡	2	6	10	14	18	22	26	30	34	41	45	49	50
$4n-1$	♠	3	7	11	15	19	23	27	31	35	42	46	50	51
$4n$	◇	4	8	12	16	20	24	28	32	36	46	50	51	52

다음 숫자는 13을 주기로 한다.

1	2	3	4	5	6	7	8	9	10	11	12	13
1	4	7	10	K	3	6	9	Q	2	5	8	J

이를 이용하면 간단히 카드를 보고 top에서 몇 번째 카드 인지를 알 수 있다.

가령 ♠4는 숫자부분이 4이므로 2, 15, 28, 41, 번째 중의 하나인데 문양이 ♠이므로 4로 나누었을 때 나머지가 3이어야 한다. 따라서 top부터 15번째 카드가 된다.

140 사이스테반 응용1

사이스테반 카드배열의 규칙성이 만드는 놀라운 일치는 트릭으로 구성되기 충분하다.

① 카드 한 벌을 사이스테반으로 놓는다.

② 한 벌의 카드를 컷하여 임의의 카드를 관중은 고른다.

③ 마법사는 왼쪽(1), 오른쪽(2)로 번갈아 카드를 놓는 일련의 과정을 한다.

④ 배열의 결과에 관중은 놀라게 된다.

임의대로 컷한 위치에서 관중의 카드가 선택되어져 따로 놓여지게 되고 선택된 파일이 위로 올려진다.

왼쪽 오른쪽으로 파일을 나누어 왼쪽 파일을 먼저 놓고 남은 오른쪽 파일을 다시 왼쪽 오른쪽으로 나눈다.

다시 오른쪽 파일을 올려놓고 남은 왼쪽 파일을 왼쪽 오른쪽으로 나눈다.

다시 오른쪽 파일을 올려놓고 남은 왼쪽 파일을 왼쪽 오른쪽으로 나눈다.

다시 오른쪽 파일을 3번째 파일에 올려놓고 남은 왼쪽파일 3장을 일렬로 놓는다.

마법사는 가운데 카드(같은 색 같은 숫자의 관중카드)로 관중의 카드를 말할 수 있다.

이제 관중의 카드는 가운데, 마법사카드와 양옆카드를 오른쪽에 놓게 되면 더욱 놀라운 결과가 나타나게 된다.

141 사이스테반 응용 2

① 52장 한 벌의 카드를 Si-Stebbins 방법으로 배열한다.

② 관중은 임의의 위치에 조커를 위치한다.

③ 마술사는 조커를 포함하여 조커를 감싸는 두 개의 카드를 바닥에 내려놓고 분리되는 파일의 앞부분을 뒤로 돌려 놓는다.

④ 두 개의 카드 중 앞 카드의 숫자, 뒤 카드의 옷을 확인한다.

⑤ 남은 파일의 맨 위 부터 12번째 카드를 확인하면 ④에서 확인한 카드의 숫자와 옷인 카드를 찾게 된다.

Si-Stebbins 배열된 카드에 관중은 임의의 위치에 조커를 위치한다.

조커를 포함 앞, 뒷장을 제거하고 나뉘어진 앞부분을 뒤로 하여 하나의 파일을 만든다. 조커의 앞, 뒤 카드를 확인한다.

한 벌의 카드에서 12번째 카드는 조커 앞장의 숫자, 조커 뒷장의 옷을 가지게 된다.

12라는 숫자에 우연성을 더하기 위하여 파일의 top카드를 앞으로 하여 11장을 보내고 다음 카드를 정확히 알 수 있다.

top이 1이므로 9장 내려놓고 1장더 내려놓으면 11장이 내려지게 되고 다음 12번째 장을 마법사는 말할 수 있다.

원리

C	H	S	D	C	H	S	D	C	H	S	D	C	H	S
1	4	7	10	K	3	6	9	Q	2	5	8	J	1	4
1	2	3	4	5	6	7	8	9	10	11	12	13	14	15

숫자주기는 13, 옷 주기는 4이므로 14번째 카드의 숫자는 1번째 옷은 2번째 카드와 같다. 일반적으로 14장의 카드 중 앞의 두 장의 카드가 다음 14번째 카드의 숫자와 옷을 말해준다. 27장의 카드에서는 1, 3번째 카드가 27번째 카드의 숫자와 옷도 말해준다. 주기가 반복되므로 순서대로 조커의 앞뒤카드를 다시 놓고 반복하여도 같은 효과를 줄 수 있다.

142 Top과 Bottom 사이

① 관중이 한 벌의 카드더미에서 한 장의 카드를 선택한다.

② 마법사는 한 벌 카드의 top, bottom을 기억한다.

③ 마법사는 컷하고 그 사이(top과 bottom)관중의 카드를 넣게 한다.

④ 마법사는 컷과 리플 셔플을 한 후 카드를 일렬로 놓고 ②에서 확인한 top과 bottom사이의 카드를 확인한 후 뒤돌아 관중에게 관중의 카드를 임의의 위치에 다시 놓으라 한다.

⑤ 마법사는 top과 bottom사이에 있던 관중의 카드를 확인할 수 있다.

마법사는 관중에게 카드를 하나 고르게 한 후 top, bottom을 외운다.

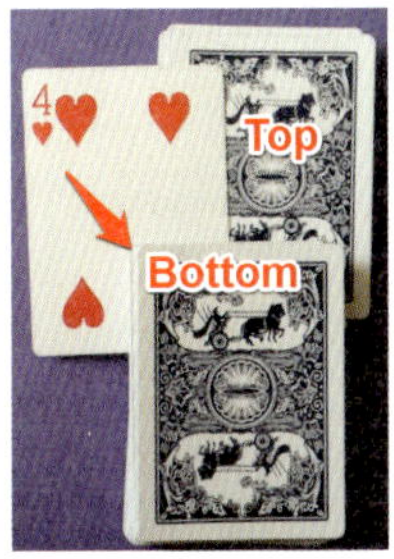

관중의 카드를 Top과 Bottom 사이에 놓는다.

임의의 컷과 리플셔플 등을 하여 펼치면 Top과 Bottom 사이에 관중의 카드를 포함하여 몇 장의 카드가 더 있을 수 있다. 이제 마법사는 등을 뒤로 하고 관중에게 관중의 카드를 다른 위치에 놓으라고 한다.

마법사는 없어진 카드가 관중의 카드임을 말할 수 있다.

143 대수 카드마술

① 마법사가 52장 한 벌의 카드에서 키카드 A(24)번째 카드를 기억한다.

② 관중은 20~30사이의 숫자 ab(22)를 골랐다고 하자.

③ 한 벌의 카드에서 키 카드가 포함되지 않도록 카드파일 더미를 떼내어 놓는다.

④ 파일더미를 임의대로 컷한 후 관중이 정한 숫자의 자리수 합(2+2=4)만큼에 위치한 관중의 카드를 관중은 확인한다.

⑤ 남은 파일더미에서 키카드가 포함되도록 카드더미를 떼 내어 파일위에 놓고 임의대로 컷한 후 키카드가 top에 오게 한 후 관중이 정한수(22)+B(10)만큼 내려놓으면 다음번 째 있는 카드가 관중의 카드가 된다.

52장 한 벌의 카드에서 24번째 카드를 기억한다.

24번째 키카드가 포함되지 않도록 떼낸다. 관중이 정한 수=22라면 2+2=4, top부터 4번째 카드가 관중의 카드가 된다. 이제 키카드가 포함된 카드더미를 다시 올려 임의의 컷을 한다.

키카드가 top에 오게 한 후 나머지 카드더미를 올려 놓는다.

관중이 정한 숫자+10=32장 만큼 내려 놓으면 관중의 카드가 나타나게 된다.

원리

$52-(A+B)=ab-(a+b)$, A,B, ab가 모두 변수가 되어 위 식만 만족시키면 된다.

144 Penney Ante 동전게임 (조건부 사건 확률)

Penney Ante 동전게임은 1969년 수학자 Walter Penney에 의해서 발명된 게임으로 두 명이 미리 연속된 3번의 동전 앞뒷면을 정하고 서로 번갈아 가며 동전을 던질 때 미리 정한 본인의 동전 앞뒤 결과가 먼저 나오는 사람이 이긴다. 공평해 보이는 게임 같지만 앞선 사람이 정한 것을 보고 나중에 정하는 사람은 확률 정보를 사용하여 이길 확률을 높일 수 있다.

1번 참가자	2번 참가자	2번 참가자가 이길확률
HHH	THH	$\frac{7}{8}$
HHT	THH	$\frac{3}{4}$
HTH	HHT	$\frac{2}{3}$
HTT	HHT	$\frac{2}{3}$
THH	TTH	$\frac{2}{3}$
THT	TTH	$\frac{2}{3}$
TTH	HTT	$\frac{3}{4}$
TTT	HTT	$\frac{7}{8}$

예 참가자1(TTT), 참가자2(HTT)

참가자 1에 대하여 참가자 2가 이길 확률을 4가지 경우(HH, HT, TH, TT)각각에 대하여 알아보면 된다.

$$P(2) = P(2|HH)P(HH) + P(2|HT)P(HT) + P(2|TH)P(TH) + P(2|TT)P(TT)$$

각각의 확률을 구해보자

$$P(2|HH) = P(2|HHH)P(H) + P(2|HHT)P(T) = P(2|HH)\frac{1}{2} + P(2|HT)\frac{1}{2}$$

※ $P(2|HHH) = P(2|HH)$, $P(2|HHT) = P(2|HT)$ 주사위는 기억이 없어서 현재까지 결론이 나지 않았다면 2, 3,.. n 개의 결과는 마지막 2개까지의 결과와 같다

$$P(2|HT) = P(2|HTH)P(H) + P(2|HTT)P(T) = P(2|TH)\frac{1}{2} + 1 \times \frac{1}{2}$$

$$P(2|TH) = P(2|THH)P(H) + P(2|THT)P(T) = P(2|HH)\frac{1}{2} + P(2|HT)\frac{1}{2}$$

$$P(2|TT) = P(2|TTH)P(H) + P(2|TTT)P(T) = P(2|TH)\frac{1}{2} + 0 \times \frac{1}{2}$$

$$P(2|HT) = P(2|HTH)P(H) + P(2|HTT)P(T) = P(2|TH)\frac{1}{2} + 1 \times \frac{1}{2}$$

$$P(2|TH) = P(2|THH)P(H) + P(2|THT)P(T) = P(2|HH)\frac{1}{2} + P(2|HT)\frac{1}{2}$$

$$P(2|TT) = P(2|TTH)P(H) + P(2|TTT)P(T) = P(2|TH)\frac{1}{2} + 0 \times \frac{1}{2}$$

위 식으로부터

$$P(2|HH) = 2P(2|TT)$$

$$P(2|HT) = \frac{1}{2}(P(2|HH) + 1)$$

$$P(2|TH) = \frac{1}{2}(P(2|HH) + P(2|HT))$$

$$P(2|TT) = \frac{1}{2}P(2|TH)$$

4개의 미지수로부터 4개의 식을 얻어 연립방정식을 풀면

$$P(2|HH) = P(2|HT) = P(2|TH) = 1, P(2|TT) = \frac{1}{2}$$

따라서 $\frac{1}{4}(1 + 1 + 1 + \frac{1}{2}) = \frac{7}{8}$이 된다.

145 기이한 패턴 1

① 마법사는 1,2,3,4,5, ... 1부터 연속된 자연수를 나열한다.

② 관중은 임의의 두 개의 수를 골라 각각 더하고 곱한다. 나머지 숫자에 대해서도 같은 방법으로 숫자를 제거하여 남은 수를 구하게 한다.

③ 마법사는 결과를 예측할 수 있다.

예 관중이 2,3을 골랐다면 $2\times3+(2+3)=11$, 이제 4를 골랐다면 $11\times4+(11+4)=59$ 이제 5를 골랐다면 $59\times5+(59+5)=359$, 나머지 1과 계산하면 $359\times1+(359+1)=719$

원리

$(A+1)(B+1)-1=AB+A+B$

$1,2,3,..,n$에 대하여 $(n+1)!-1$ 결과를 예측할 수 있다.

146 기이한 패턴 2

① 마법사는 임의개의 숫자를 적어 놓고 관중에게 몇 개의 수를 더 적도록 한다.

② 관중은 짝수의 개수, 홀수의 개수, 그 합을 나열한다.

③ ②의 결과의 짝수의 개수, 홀수의 개수, 그 합을 나열한다.

④ 마법사는 ③의 결과를 예측할 수 있다.

1234567898745	①	
6713	②	짝수 6개, 홀수 7개 합이 13개
134	③	짝수 1개, 홀수 3개 합이 4
123	④	짝수 1개, 홀수 2개 합이 3

원리

①에서 홀수와 짝수의 개수가 모두 짝수만 되지 않도록 조정하면 마지막 수열 123을 예언할 수 있다.

147 기이한 패턴 3

마법사는 4개의 정수를 아래 그림과 같이 놓고 시계 또는 반시계방향을 정하여 인접한 두 수의 차에 대한 절대값을 구한다. 같은 과정을 유한 번 하면 마법사는 그 결과를 예측할 수 있다.

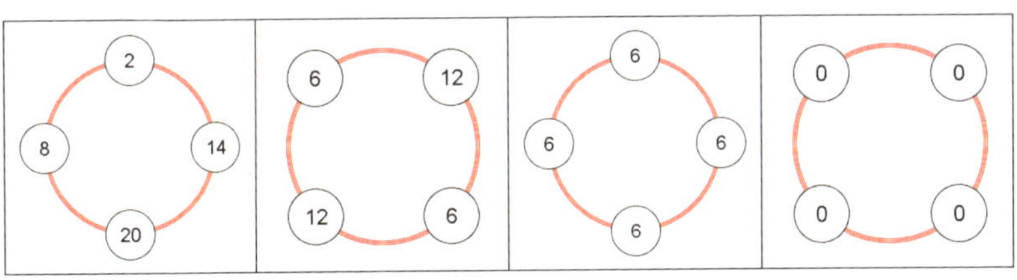

원리

마법사는 모든 숫자들이 짝수이거나, 홀수하나 나머지 짝수, 짝수하나 나머지 홀수, 서로 이웃한 숫자 한쌍이 짝수 또는 홀수, 대각선으로 짝수 또는 홀수가 되게 한다.

148 기이한 패턴 4

마법사는 관중에게 자연수를 고르게 하고 자연수를 다음과 같이 분할하는 과정에서 나오는 결과를 예측할 수 있다.

자연수 분할	분할 과정		예측값의 합
9	9	3×6	18
3,6	3	1×2	20
1,2,6	6	3×3	29
1,2,3,3	3	1×2	31
1,2,1,2,3	2	1×1	32
1,1,1,1,2,3	2	1×1	33
1,1,1,1,1,1,3	3	1×2	35
1,1,1,1,1,1,1,2	2	1×1	36

임의의 자연수 n에 대하여 위 시행의 결과는 항상 $\frac{n(n-1)}{2}$이 된다.

원리

수학적 귀납법으로 증명할 수 있다.

$N=2$ 성립한다.

$N>2$, 성립한다고 가정하고

$n+m=N$ 일 때

$$p(n)=\frac{n(n-1)}{2}$$

$$p(m)=\frac{m(m-1)}{2}$$

$$N=n+m, p(N)=\frac{n(n-1)}{2}+\frac{m(m-1)}{2}$$

$$\frac{(n+m)(n+m-1)}{2}=\frac{N(N-1)}{2}$$

149 기이한 패턴 5

① 마법사는 관중에게 관중의 나이 +90 한 결과에서 100의 자릿수를 지우고 남은 두 자리 수에 다시 100의 자리수를 더한 결과를 알려주라고 한다.

② 마법사는 위 결과로 관중의 나이를 알 수 있다.

원리

변수를 구별하면 나만의 트릭을 만들 수 있다.

2 5 + 9 0 1̸ 1 5 + 1 1 6 16+9=25	나이 + b 1̸ .. .. + 1 나이+b-99 나이+b-99+a=나이	조건 a+b=99 나이 +b〉100

150 기이한 패턴 6

마법사는 관중에게 자연수를 고르라고 한 후 규칙에 따라 수열을 만들라고 하면 마법사는 결과를 예측할 수 있다.

시행예시

규칙 : 짝수 $n, f(n)=\frac{n}{2}$ 홀수 $n, f(n)=3n+1$을 하게 되면 패턴이 보이게 된다.

96 관중이 고른수	6	16	1
48	3	8	4
24	10	4	
12	5	2	

151 기이한 패턴 7

시행

① 마법사는 다섯 장의 카드 중 한 장의 카드를 관중이 고르게 한다.

② 마법사는 관중이 고른 카드를 말할 수 있다.

시행 전 작업

마법사는 사전에 관중들이 주로 고르는 카드를 파악하여 위 트릭을 시행한다. 관중들은 특정 카드를 고르는 경향이 있는데 우리나라에서는

1◇, 서양에서는 4♡ 고른다. 굳이 이유를 찾으려 노력할 필요가 없다. 다만 통계적으로 그렇다. 모든 일(원인을 알 수 없는 일도 있다)에 원인을 찾으려 해 스스로 왜곡의 덫에 빠지는 현대인에게 가끔은 느긋이 기다려 보는 지혜가 필요하다. 우연적인 자료들이 집적되어 시간이 흐르면 그 안에는 자연히 우리가 보고 싶은 패턴이 보일 것이다

※ 비슷한 예로 다음의 문제도 통계적으로 미리 알아본 후 트릭에 이용할 수 있다.

10~50까지의 두 자리 수 중 각 자리수가 홀수면서 같지 않은 수를 구하면?

37을 고르는 것으로 알려져 있다.

ㅁ,○,△, 세 개의 도형 중 두 개를 골라 그중 한 개를 안에 넣어 그리면?

동그라미 안에 세모그림을 넣는 것으로 알려져 있다.

다음으로 비슷하지만 전혀 관련 없는 트릭을 소개한다.

마법사는 관중에게 위 5장의 카드를 보여주고 관중에게 하나를 고르라고 한다.

그리고 10초간 먼 산을 보면서 고른 카드를 마법사에게 텔레파시를 이용하여 전달하라고 한다. 마법사는 관중이 고른 카드를 알았고 그 카드를 다른 카드로 바꾸어 다음의 5장 카드를 보여준다.

관중이 고른 카드가 정말로 바뀌어 있다. 어떻게 알았을까? 원리는 여러분이 찾아보시길!

152 시계트릭 1

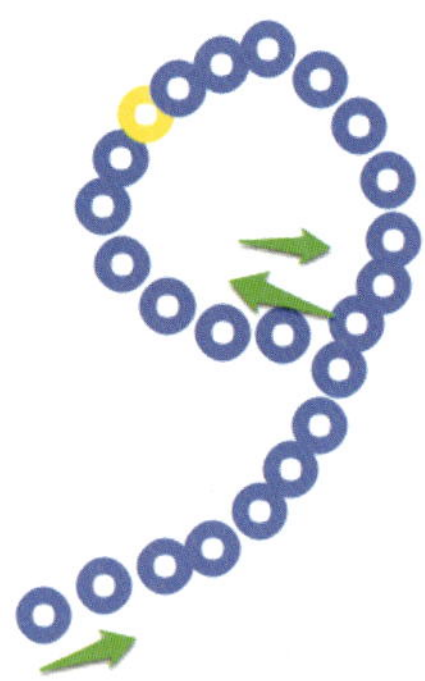

① 마법사는 임의개의 동전을 9자 모양으로 놓는다.

② 관중은 9이상, 놓인 동전의 총합이하의 숫자만큼 처음부터 동전을 세어 원 부분에 다다르면 왼쪽으로 처음 정한 숫자만큼 이동한다.

③ 다음 정한 숫자만큼 오른쪽으로 이동한다.

④ 마법사는 동전의 마지막 위치를 미리 예언할 수 있다.

153 시계트릭 2

① 관중은 동물을 하나 선택한 후 철자수를 확인한다.

② 마법사는 임의대로 동물들을 선택하여 이동한다.

③ 관중이 정한 동물의 철자 수에 도달하면 관중은 멈추라고 하고, 마법사는 관중의 동물에 도착해 있다.

원리

마법사는 나비부터 하나를 세어 연결된 동물로 이동한다. 코뿔소가 둘이 된다. 게임판의 보이지 않는 선(별모양)을 따라 움직이지만 관중에겐 마법사가 임의대로 움직이는 듯해 보인다.

만약 마법사가 코뿔소에서 시작했다면 펜이 도착한 지점에서 한 칸 뒤로 가는 식으로 시작점을 조절할 수 있다.

154 시계트릭 3

① 마법사는 관중에게 동물 하나를 선택하게 한 후 뒷면의 숫자를 확인하게 한다.

② 임의대로 동물들을 나열한다.

③ 마법사는 관중이 하나, 둘, 숫자를 확인하며 큰 소리로 셀 때 임의대로 동물을 가르킨다.

④ 관중이 동물에 해당하는 숫자에 도달할 때 멈추라고 하면 마법사는 관중이 정한 동물을 가리키게 된다

앞면								
뒷면	6	7	8	9	10	11	12	13

원리

다섯까지는 임의의 동물을 가리키고 나머지는 기억한 숫자에 해당되는 동물들을 가리킨다.

155 사다리타기 게임

마법사는 1~13카드를 윗줄에 13~1카드를 아랫줄에 나열한다.

마법사는 관중과 교대로 아랫줄의 카드를 한 쌍씩 바꾼다. 이때 윗줄 카드의 숫자가 아랫줄 카드의 숫자와 같아지면 그 카드는 뒤집어 놓고 움직이지 못한다. 따라서 7은 게임 시작하기 전에 뒤집히고 움직이지 못한다. 게임이 진행될 때 더 이상 움직일 카드가 없는 사람이 지는 게임이다.

게임 예시)

게임시작전 7은 뒤집힌다.

1	2	3	4	5	6	7	8	9	10	11	12	13
13	12	11	10	9	8	7	6	5	4	3	2	1

먼저 하는 사람이 11과 5를 교환했다.

1	2	3	4	5	6	7	8	9	10	11	12	13
13	12	**5**	10	9	8	7	6	**11**	4	3	2	1

다음 사람이 4와 10을 교환했다. 따라서 4와, 7, 10은 위에 줄의 숫자와 같아 더 이상 움직이지 못한다.

1	2	3	4	5	6	7	8	9	10	11	12	13
13	12	**5**	4	9	8	7	6	**11**	10	3	2	1

1	2	3	4	5	6	7	8	9	10	11	12	13
1	2	3	4	5	6	7	8	9	10	11	12	13

위와 같이 만들어 지면 게임이 끝난다.

원리

모든 치환은 호환의 합성으로 표현가능한데 호환의 개수가 처음부터 정해진다.
위 게임에서 1~13을 1~13으로 바꾸는 방법 중 하나는 (13,1), (12,2), ... 8,6)을 바꾸는 것인데 그 개수가 짝수이다 따라서 위 게임은 짝수의 움직임으로 게임이 끝난다. 그러므로 먼저 시작하는 사람이 반드시 진다. 윗줄의 숫자를 바꾸어 변화를 줄 수 있지만 4개 이상의 연속된 자연수에서는 모든 경우 짝수번에 게임이 끝나므로 먼저 하는 사람이 지게 된다.

156 15퍼즐

정사각형 판에 1~15까지 숫자판이 있을 때 대각선으로 움직이는 것만 제외하고 빈 칸을 이용하여 오른쪽에서 왼쪽과 같이 만들 수 있는가?

오른쪽 게임판

1	2	3	4
5	6	7	8
9	10	11	12
13	14	15	

왼쪽 게임판

1	2	3	4
5	6	7	8
9	10	11	12
13	15	14	

원리

사다리 게임은 언제나 일대일 대응이다.

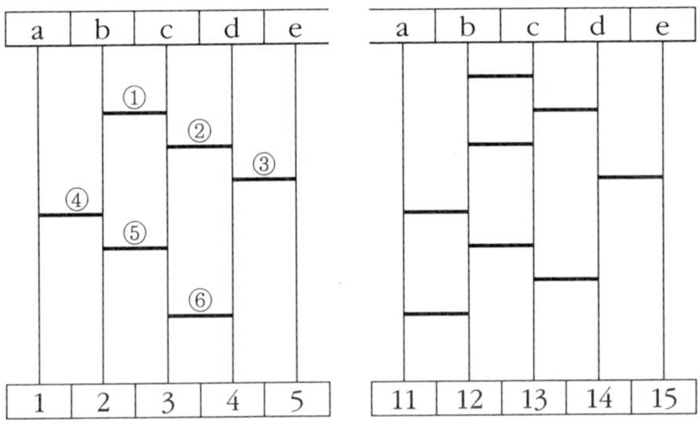

	a	b	c	d	e
함수(호환)	1	2	3	4	5
① (2,3)	1	3	2	4	5
② (3,4)	1	4	2	3	5
③ (4,5)	1	5	2	3	4
④ (1,2)	2	5	1	3	4
⑤ (2,3)	3	5	1	2	4
⑥ (3,4)	4	5	1	2	3

결국 사다리 게임은 치환과 같으므로 일대일 대응이다.

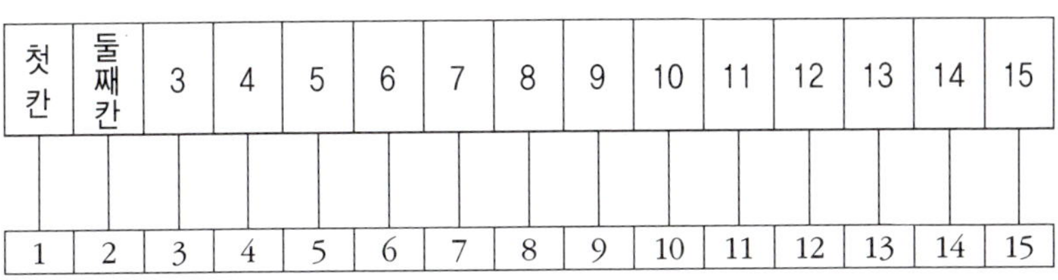

오른쪽 게임판

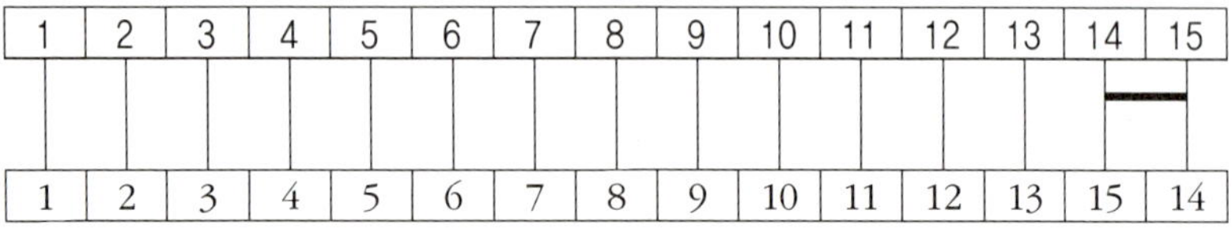

왼쪽 게임판

위 퍼즐을 사다리 게임으로 바꾸어 보면 오른쪽은 교환이 짝수(0)번 왼쪽은 홀수(1)번 일어나므로 오른쪽에서 왼쪽으로 전환이 절대 불가능하다. 모든 치환은 반드시 호환의 개수가 홀수 또는 짝수개로 정해져 있다.

157 Hamming Code(7,4)

CD에는 0,1 두 개의 기호로 정보가 부호화 되어 기록되어 있다. 지금 CD의 정보가 4자릿수로 구성되어 있다고 가정하면 0000, 0001, ..., 1111 모두 16개의 정보를 나타낼 수 있다. CD에 흠집이 생겨서 어떤 정보의 어느 한 자릿수를 판독할 수 없게 되었을 때, 그 정보를 정확하게 다시 복원하려면 어떻게 하면 좋을까? 방법은 4자리 숫자 뒤에 체크디지트라는 0과 1로 구성된 3자릿수를 더해서 총 7자리 숫자를 만들어 CD에 기록하면 된다.

① 마법사는 관중이 1~15까지의 수중 하나를 고르라고 한다.
② 마법사는 7개의 종이판을 보여주면서 관중의 수가 있는지 물어본다.
③ 추가로 한번은 거짓말을 해도 가능하다.

④ 마법사는 관중의 수 뿐만 아니라 거짓말을 했다면 어느 카드에서 했는지를 알 수 있다.

	2^3	2^2	2^1	2^0	1$2^0$	2$2^1$	3$2^2$	4$2^3$	5(1,2,3)	6(2,3,4)	7(1,2,4)
0	0	0	0	0							
1	0	0	0	1	1				1		1
2	0	0	1	0		2			2	2	2
3	0	0	1	1	3	3				3	
4	0	1	0	0			4		4	4	
5	0	1	0	1	5		5			5	5
6	0	1	1	0		6	6				6
7	0	1	1	1	7	7	7		7		
8	1	0	0	0				8		8	8
9	1	0	0	1	9			9	9	9	
10	1	0	1	0		10		10	10		
11	1	0	1	1	11	11		11			11
12	1	1	0	0			12	12	12		12
13	1	1	0	1	13		13	13			
14	1	1	1	0		14	14	14		14	
15	1	1	1	1	15	15	15	15	15	14	15

1,2,3,4 종이에는 각각 $2^0, 2^1, 2^2, 2^3$의 자리수를 가지는 수가 기입되어 있으며 5,6,7에는 (1,2,3), (2,3,4), (1,2,4)에 있는 수의 개수가 짝수가 되게 하는 표이다.

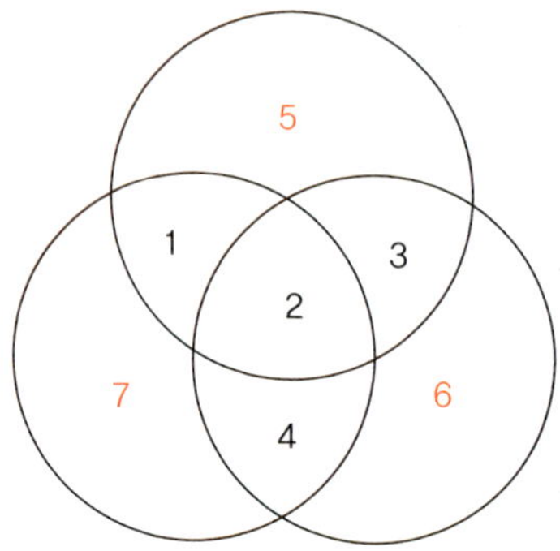

시행 예시

관중은 6을 정했고 마법사는 7개의 표를 보여주면서 정한 6이 있는지 물어 본다. 관중은 6이 있는 2,3,7 표에 대해서는 있다고 말하고 4번 표에는 없지만 있다고 거짓말을 한다.

1	2	3	4	5	6	7
×	0	0	거짓말 0	×	×	0

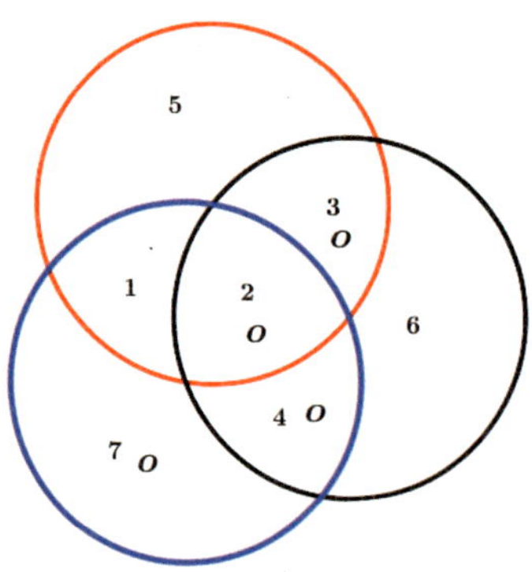

5가 있는 빨간색 원은 짝수이므로 2,3이 참이다. 파란색 원과 검은색 원은 홀수이므로 거짓이 있는 것인데, 2,3이 참이므로 4가 거짓이 된다.

따라서 관중이 고른 수는 $2^1+2^2=6$이고 관중은 4번째 표에서 거짓말을 한 것이다.

158 기이한 패턴 8

① 마법사는 3개의 동전을 가지고 있는 관중들에게 많아야 3번이면 모두 같은 면을 가지게 할 수 있다고 한다.

② 마법사는 관중에게 왼쪽 동전, 가운데 동전, 다시 왼쪽 동전의 순서로 뒤집으라고 한다.

③ 관중들의 동전은 많아야 3번 만에 모두 같은 면의 동전을 갖게 된다.

1	H	H	H
2	H	H	T
3	H	T	H
4	H	T	T
5	T	H	T
6	T	H	H
7	T	T	H
8	T	T	T

처음 상태

1	T	H	T
2	T	T	H
3	T	T	T
4	H	H	T
5	H	H	H
6	H	T	H

왼쪽 바꿈 3,5 완성

1	T	T	T
2	T	H	H
4	H	T	T
6	H	H	H

가운데 바꿈 1,6 완성

2	H	H	H
4	T	T	T

왼쪽 바꿈 2,4 완성

전략) 동전이 n개인 경우 많아야 $2^{n-1}-1$ 만큼의 조정만 있으면 가능하다.

159 기이한 패턴 9

① 마법사는 관중에게 동전 4개를 상, 하, 좌, 우에 놓게 하되 모두 같은 면이 되지 않도록 놓는다.

② 마법사는 특정 위치의 동전을 뒤집으라고 한다. 관중은 마법사의 지시대로 뒤집으면서 임의 방향대로 회전할 수 있다.

③ 마법사는 많아야 7번 안에 동전을 모두 같은 면으로 놓을 수 있다.

시행예시

	H	
T		T
	T	

처음상태
상, 하 바꿈

	T	
T		T
	H	

상, 우 바꿈

	H	
T		H
	H	

좌, 우 바꿈

	H	
H		T
	H	

	H	
H		H
	T	

관중이 회전을 한다
하 바꿈

	H	
H		H
	H	

완성

5번 만에 동전을 같은 면으로 만들었다.

원리

동전이 n개인 경우 많아야 $2^{n-1}-1$ 만큼의 조정만 있으면 가능하다

1	2	3	4	5	6	7
↑	↑	←		←	→	↑
↓	→	→	↓	→	↓	↓
상, 하	상, 우	좌, 우	하	좌, 우	우, 하	상, 하

160 가위, 바위, 보

세 사람이 가위－바위－보 게임을 3번 할 경우 모두 27가지 경우가 생긴다. 아래 27개 카드는 각각의 경우에 대하여 처음 칸은 1경기, 두 번째 칸은 2경기, 3번째 칸은 3경기 때 사용되는 가위 바위 보 무기라 하자

① 관중은 카드 한 장을 따로 떼어 숨겨 놓는다. 가령 1경기 가위, 2경기 바위, 3경기 보자기 카드였다고 하자

② 남은 26장의 카드에서 관중과 마법사는 임의대로 한 장씩 꺼내어 승부를 겨루면 13번의 승부가 있을 것이고 각각의 이긴 횟수를 적는다. 무승부는 세지 않는다. 가령 1경기에서 가위가 2번 이겼고, 바위가 2번, 보자기가 5번 이겼다면 아래와 같이 기입할 것이다.

무기			
1경기에서 이긴 횟수	2	2	5
	무승부 2번	무승부 1번	무승부 1번

③ 1경기가 끝나면 다시 카드를 임의대로 섞어 같은 방법으로 2경기, 3경기를 하고 각각 무기의 이긴 횟수를 알면 마법사는 관중이 골라 숨겨놓은 카드를 정확히 말할 수 있다.

전략) 매 경기 후 각 무기의 이긴 횟수는 짝수, 짝수, 홀수, 또는 홀수, 홀수, 짝수와 같이 두 가지 무기만 짝홀수가 같다. 각 경기 중 이러한 짝 홀수가 같은 두 무기 중 지는 무기는 숨겨진 카드의 각 경기의 무기

가 된다. 1경기 예에서 짝수인 가위와 바위 중에서 지는 가위가 카드의 1경기 무기가 된다.

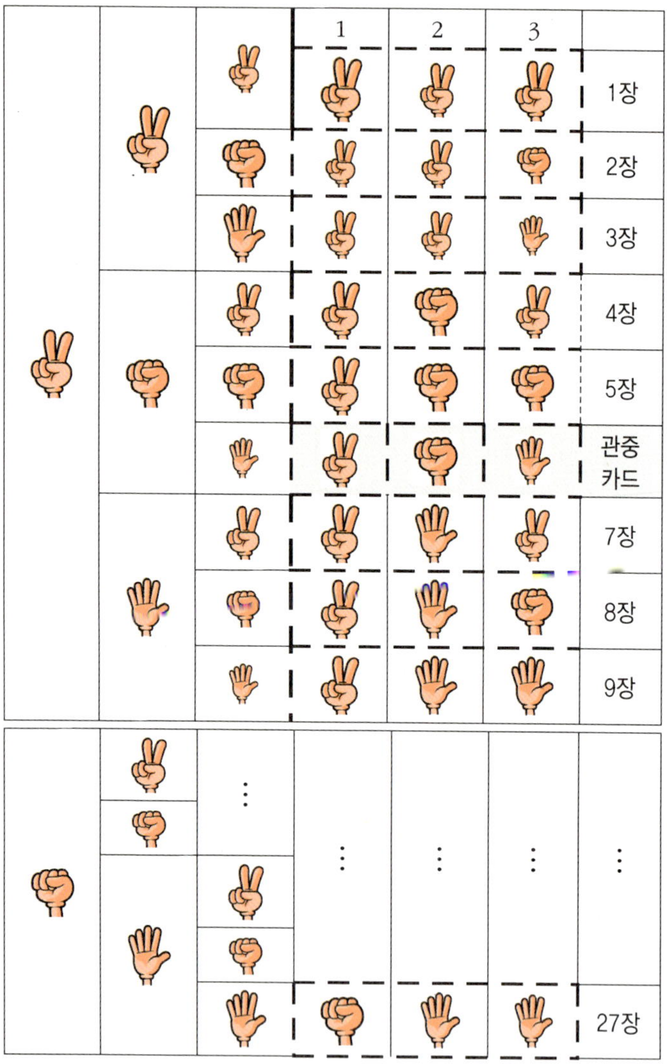

161 이상한 보드 게임판

♣	♡	♠	◇	▶

① 마법사는 위와 같은 게임판을 만든다.

② 관중은 주사위를 두 번 던져 나오는 수만큼 칸을 이동한다.

♣	♡	♠	◇	▶
1	2	3	4	5
	8	7	6	

예로 주사위의 합이 8인 경우

♣	♡	♠	◇	▶
1	2	3	4	5
	9	8	7	6

주사위의 합이 9인 경우

♣	♡	♠	◇	▶
1	2			

주사위의 합이 2인 경우

♣	♡	♠	◇	▶
0	1	2	3	

주사위의 합이 3인 경우

③ 마법사는 관중이 도착되는 지점을 예측할 수 있다.

전략) 주사위의 합이 홀수, 또는 짝수에 따라 말 이동하는 방법을 다르게 하여 항상 관중의 말이 ♡,◇ 위에 오게 할 수 있으며, 두 개의 예측 값(♡,◇)을 숨기고 경우에 따라 숨겨둔 예측 값을 공개한다. 게임 전 대게 말 이동방법에 대해서는 보통 약속을 안한다는 점을 이용한 것이다.

162 어렵거나 불가능하거나

마법사는 두 개의 비슷해 보이는 문제를 제시한다.

둘 중 하나는 풀이가 가능하고 다른 하나는 불가능한 문제로 다음과 같다.

5개의 사각형으로 나뉘어진 사각형의 모든 변을 모두 한번씩 만 통과할 수 있는 곡선을 그릴 수 있는가?

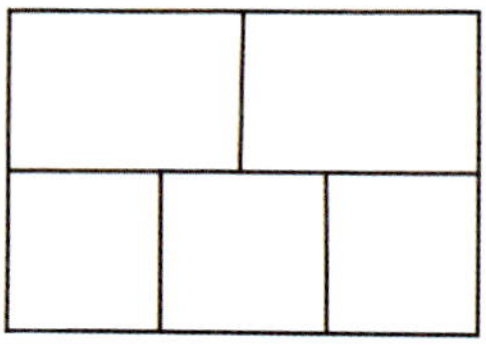

1~8까지의 숫자를 옆 그림에 배열하되 서로 인접하지 않도록 할 수 있는가?

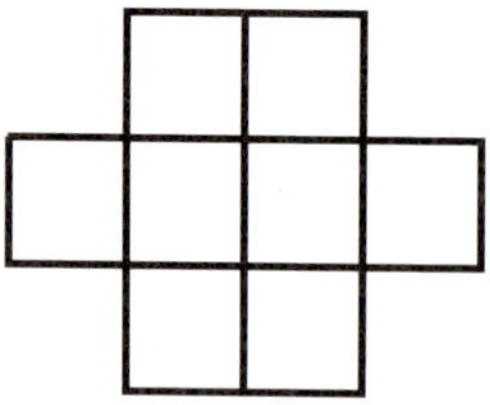

위상수학의 시작으로 여겨지는 Königsberg 다리 문제와 같은 것으로 옆의 그림에서 모든 변을 지나는 연결된 선을 그릴 수 있는가? 한붓그리기와 같은 문제로 한붓그리기는 변에 연결된 점들이 모두 짝수점이거나 두 개만 홀수점일 때 가능하다. 위 문제는 홀수점이 3개이므로 불가능하다.

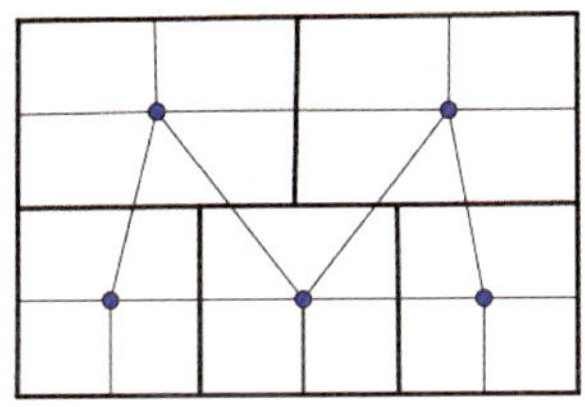

풀이 가능한 문제 해답

	3	5	
7	1	8	2
	4	6	

163 세가지 유용시설문제

3개의 집에서 3개의 유용한 시설(물, 가스, 전기)을 이용하는데 연결 호스가 서로 겹치지 않게 연결될 수 있는가?

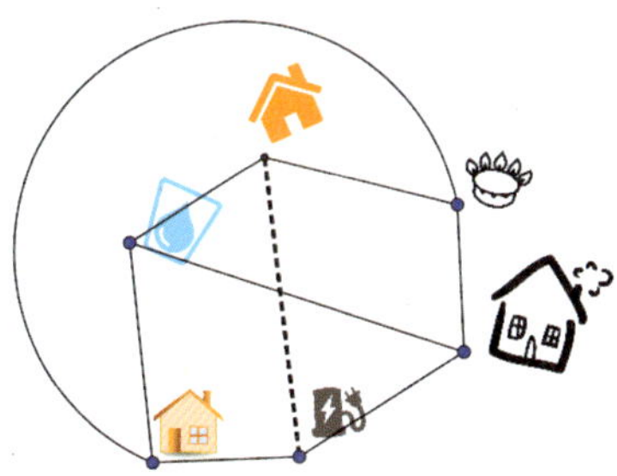

위 예에서 노란집이 전기와 연결이 되려면 다른 선과 겹치게 된다.

위 문제는 평면그래프(변들이 꼭지점에서 만나는 그래프)를 만들 수 있는지 묻는 문제와 같다. 평면 그래프에서는 오일러 정리가 성립해야 된다.

$v-e+f=2$, 꼭지점－변＋면＝2

6－9＋f＝2

f＝5 면이 5개여야 한다.

옆의 그림에서 1개의 면에는 4개의 변이 있으므로 5개의 면에는 중복을 제외하고 10개의 변이 있어야 되는데 평면그래프에서는 불가능하다. 변은 $3\times3=9$개가 있어야 한다.

뫼비우스띠에서는 가능하다. 왼쪽 상단의 T는 인접한 3개의 점과 연결이 되어 있고 오른쪽 a와 연결되고 한번 꼬여 왼쪽 a로 넘겨와 S와 연결이 된다. 6개의 서로 다른 점들이 서로 한 번씩 겹침 없이 연결이 되는 평면그래프가 뫼비우스띠에서는 가능하다.

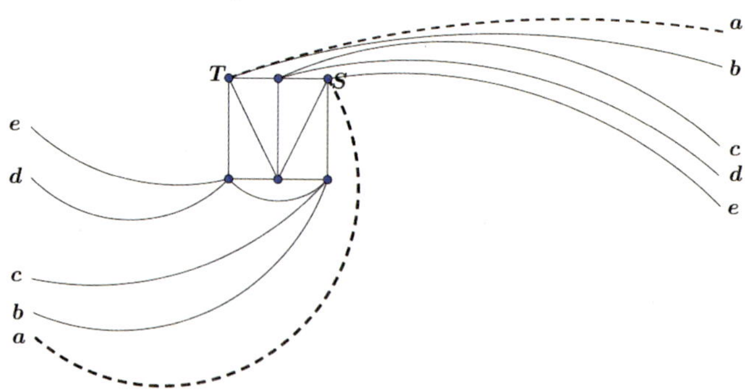

164 화살표 트릭

① 마법사는 화살표가 앞뒤로 그려진 정팔각형 종이판을 준비하여 회전시킨다.

② 분명 같은 팔각형인데 화살표의 방향이 일정하지 않다. 관중은 놀랄 수밖에 없다.

앞면과 뒷면 화살표가 수직이 되도록 한다.

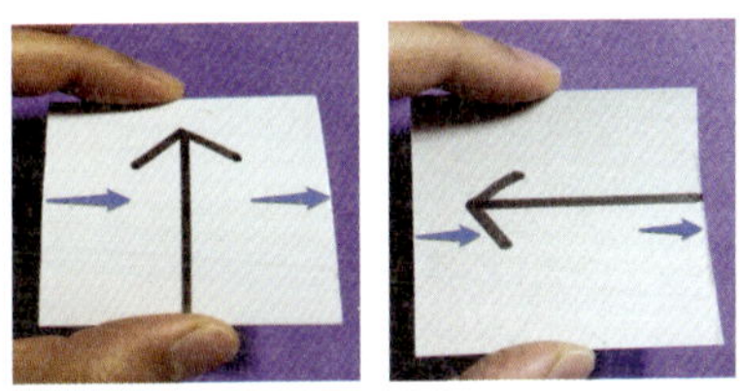

앞면인 상태에서 옆으로 180도 회전시키면 뒷면인 화살표가 나온다.

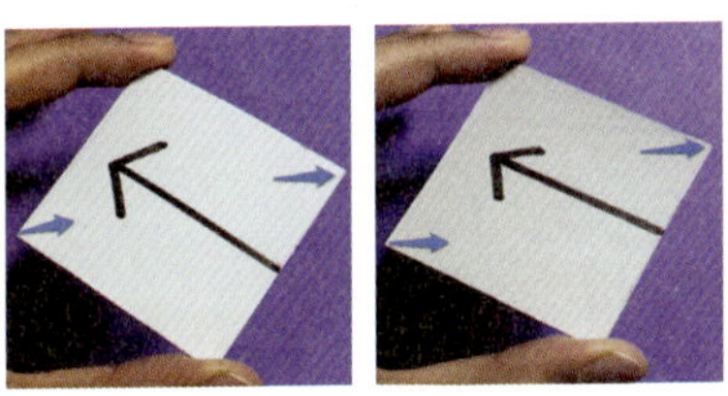

모서리를 중심으로 회전시키면 앞면 화살표는 -45^0 뒷면 화살표는 $+45^0$ 회전하여 90^0만큼의 차이가 없어진다.

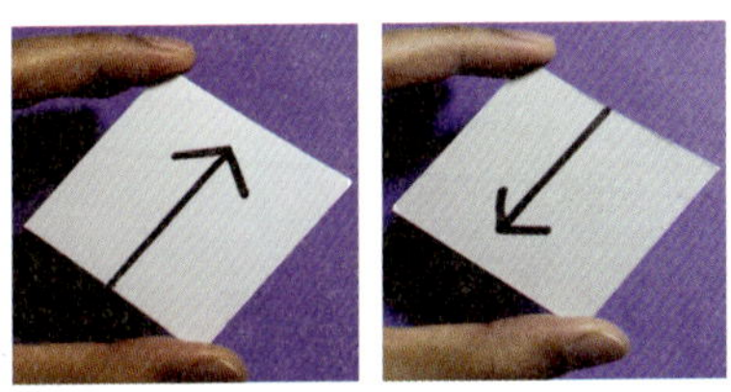

앞면 화살표는 $+45^0$ 뒷면 화살표는 -45^0 회전하여 90^0만큼의 차이가 더 생겨 180^0 만큼 차이가 난다.

원리

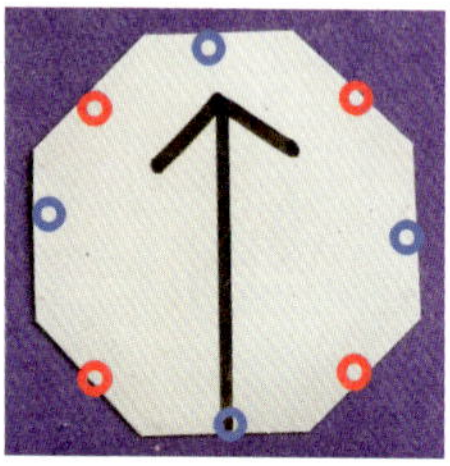

모서리 부분을 균등하게 잘라 정8각형을 만들게 되면 회전시키는 위치가 랜덤해 보이지만 회전 위치에 따라 앞뒤 화살표 방향의 차이가 크게 변한다.

165 패리티(Parity) 기초

마법사는 그림과 같은 보드판에서 관중에게 임의의 수를 골라 마법사에게 알려준다.

마법사는 일련의 과정을 통하여 마지막 관중의 위치를 알 수 있다.

8	1	6
3	5	7
4	9	2

관중이 2(홀수위치)을 선택한 경우(2,4,5,8,6 같은 parity를 갖는 경우)

시행예시

① 마법사는 7을 가져간다.
② 마법사는 관중에게 7번 움직이라고 한 후 8을 가져간다.
③ 관중에게 4번 움직이게 한 후 2를 가져간다.
④ 관중에게 6번 움직이게 한 후 4를 가져간다.
⑤ 관중에게 5번 움직이게 한 후 9를 가져간다.
⑥ 2번 움직이게 한 후 3을 가져간다.
⑦ 1번 움직이게 한 후 6을 가져간다.
⑧ 마법사는 7번 움직이게 한 후 1을 가져간다.

관중이 짝수 위치 선택한 경우(1,3,7,9, 같은 parity를 갖는 경우)

① 마법사는 6을 가져간다.
② 마법사는 관중에게 4번 움직이라고 한 후 2를 가져간다.
③ 마법사는 7번 움직이게 한 후 1을 가져간다.
④ 관중에게 3번 움직이게 한 후 4를 가져간다.
⑤ 관중에게 1번 움직이게 한 후 7을 가져간다.
⑥ 관중에게 2번 움직이게 한 후 9를 가져간다.
⑦ 5번 움직이게 한 후 8을 가져간다.
⑧ 3번 움직이게 한 후 3을 가져간다.

원리

한 위치에서 짝수번 움직이면 같은 parity 수의 위치에 도달하고 홀수번 움직이면 다른 parity 위치에 도달한다. 이를 이용하여 관중이 갈 수 있는 위치를 미리 파악할 수 있다.

166 동전트릭 1

① 마법사는 1,2,3,4,5의 카드를 일렬로 놓는다.
② 관중은 1에서 시작하며 먼저 4번 움직인다.
③ 관중은 3번 움직인다.
④ 관중은 x번 움직이고 그 숫자를 기억한다.
⑤ 다시 기억한 x번 만큼 움직인다.
⑥ 오른쪽으로 2번 움직인다. 5에 닿으면 왼쪽으로 1번 움직인다.

원리

마법사는 관중의 마지막 숫자를 알 수 있다. 4가 된다.

원리

1(홀수)에서 출발하여 홀수번 움직이면 짝수, 짝수번 움직이면 홀수에 위치한다. ②~③까지 홀수번 움직여서 짝수 ④~⑤번, 짝수에서 짝수번 움직이면 짝수 위치로 이동된다. ⑤까지 결과는 짝수(2,4)가 되고 마지막으로 오른쪽으로 두 칸 가게 되면 4에 도달하게 된다.

시작	이동	
	홀수	짝수
홀수	짝수	홀수
짝수	홀수	짝수

시행예시

167 동전트릭2

① 마법사는 관중에게 3~14 사이의 임의의 수를 고르라 하고 관중은 보드판의 시작 위치에서 고른 수 만큼 이동한다.

② 마법사는 게임판의 O, O을 없애고 관중에게 고른 수 만큼 반시계방향으로 이동하라고 한다.

③ 마법사는 관중의 위치를 아는 듯 관중이 도착하지 못한 숫자들을 몇 개 지우고 시계방향이나 반시계방향으로 4만큼 이동하라고 한다.

④ 마법사는 정확히 관중이 도달한 숫자를 말할 수 있다.

시행예

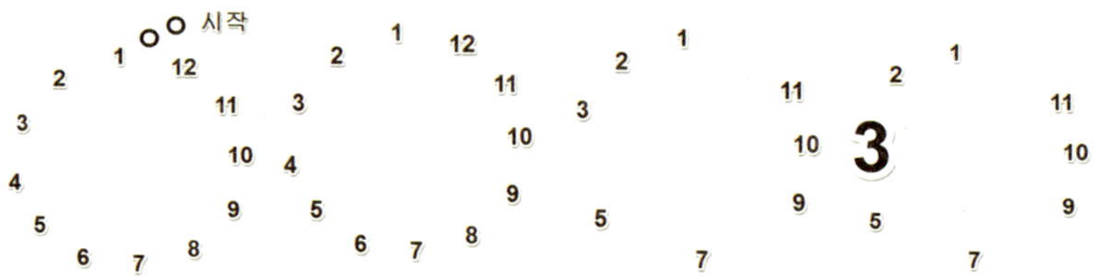

예로 관중이 5를 선택했다면 1,2,3 5칸 이동하여 3의 위치에 있게 된다.

○, ○를 지우고 3의 위치에서 다시 5칸 이동하면 10의 위치에 온다.

마법사는 관중이 3이상 어떤 수를 선택해도 10위치에 오는 것을 알기 때문에 도착하지 않은 수를 지울 수 있다.

시계방향이든 반시계방향이든 4칸만 움직이라고 하면 마법사는 관중의 위치를 정확하게 알 수 있다.

168 사라지는 도형 1

마법사는 직선의 기울기를 이용하여 도형의 일부가 사라지는 시각적 효과를 줄 수 있다.

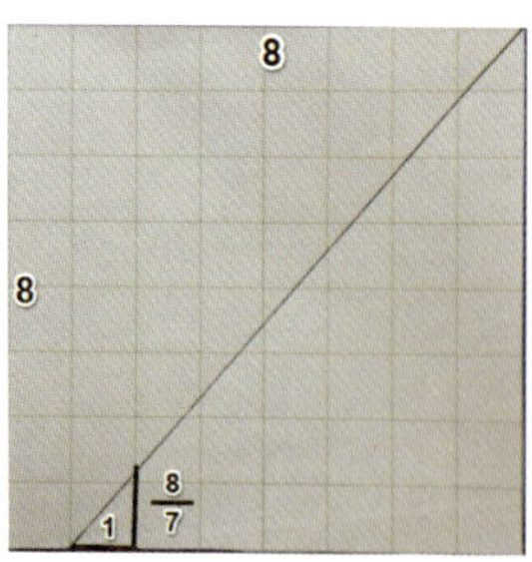

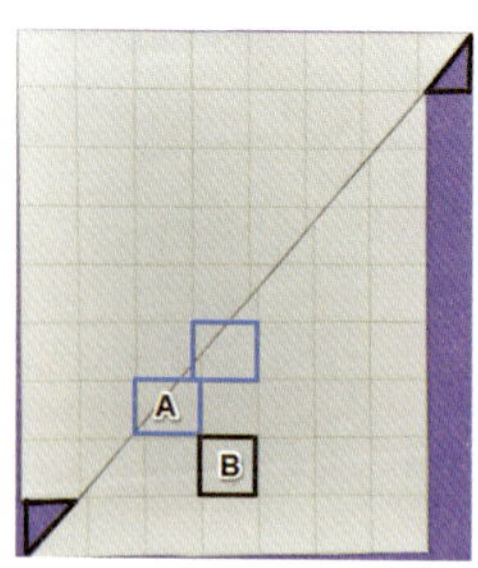

왼쪽 사각형의 넓이는 $8\times8=64$개의 사각형으로 구성되어 있는데 반하여 왼쪽 사각형을 대각선을 따라 위로 올린 오른쪽 도형은 63개의 사각형으로 구성되어 있다. 한 개의 사각형이 없어진다.

원리

이동되는 대각선의 기울기는 $\frac{8}{7}$이므로 1만큼(8칸) 세로로 이동되면 가로 $\frac{7}{8}$(7칸) 이동한다. 따라서 대각선에 있는 8개 사각형들의 넓이가 $(1+\frac{1}{8})$이 되어 사라진 도형의 넓이 1을 설명한다.

169 사라지는 도형 2

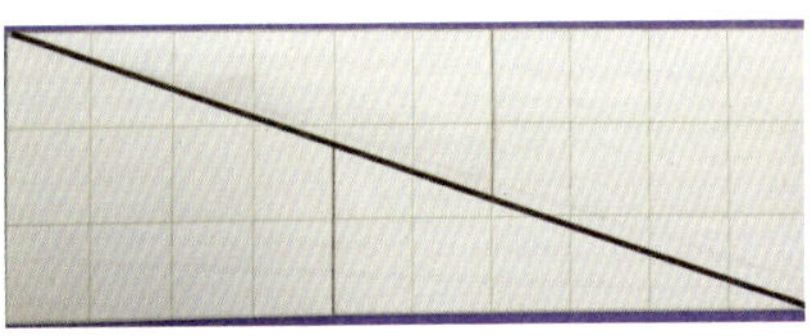

$3\times10=30$

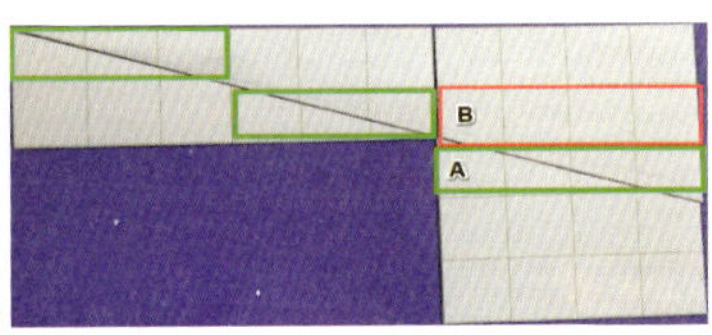

$(2\times6+5\times4)=32$

왼쪽 도형을 오른쪽과 같이 재배열하면 넓이 1의 사각형 두 개가 사라진다.

원리

대각선이 직선인 경우(왼쪽) 대각선을 중심으로 10개의 사각형의 크기가 균등하게($\frac{1}{5}$) 작아져 생긴 변화이다.

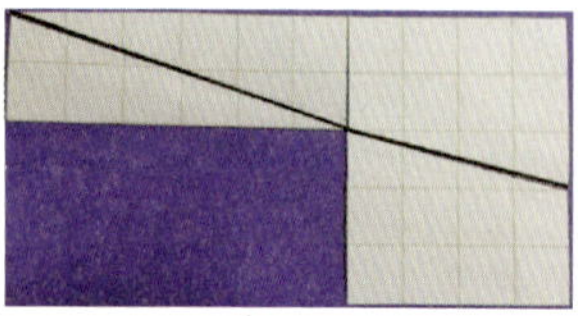

$(2\times 6+5\times 4)=32$

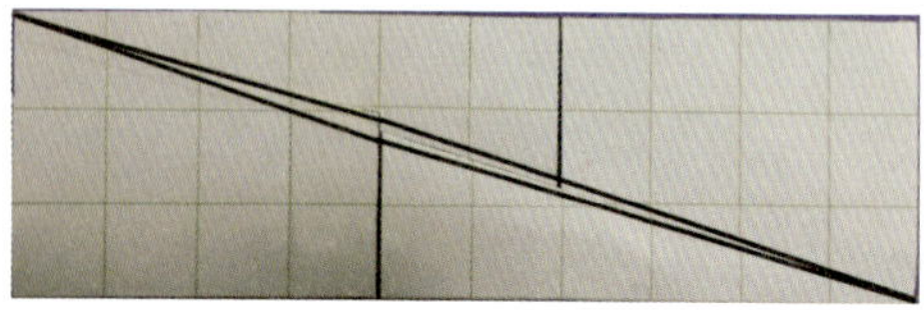

$3\times 10=30$

이번엔 사각형의 크기를 맞추어 대각선이 직선이 아닌 경우 대각선을 중심으로 겹치거나 틈이 생긴다. 오른쪽 도형은 가운데에 사각형 2개 분량이 겹쳐진다.

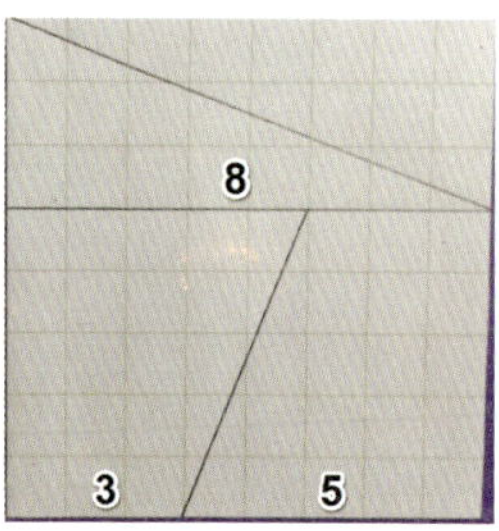

$8\times 8=64$

잘리는 사각형이 정사각형인 경우

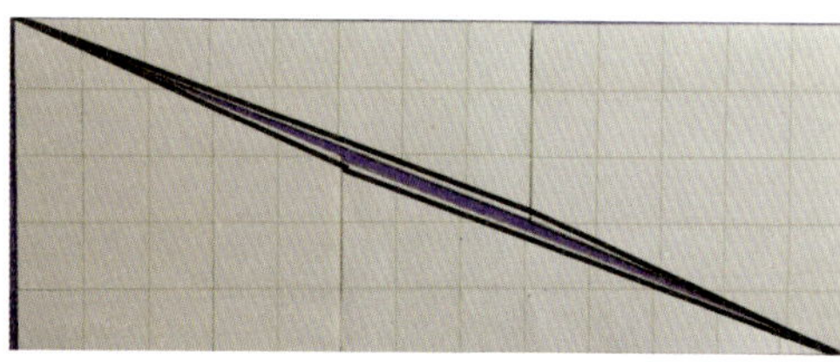

$13\times 5=65$

대각선은 직선이 되지 못하고 대각선 중심으로 1만큼의 공간이 생긴다.

170 사라지는 도형 3

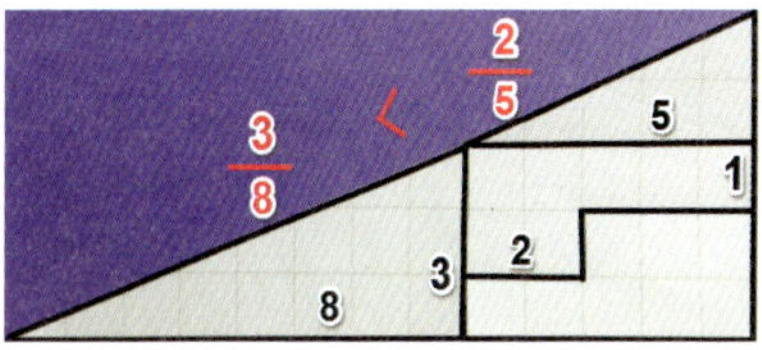

기울기 $\frac{3}{8} < \frac{2}{5}$ 오목한 곳

기울기 $\frac{2}{5} > \frac{3}{8}$ 볼록한 곳

위 도형에 대하여 일반적으로 피보나치 수열이 이용되어 사라지는 도형을 만들 수 있는데 연속된 피보나치 수열의 세항

A, B, C에 대하여 $A+B=C$

$$B^2 = AC \pm X$$

관계를 이용한다.

1,2,3,5,8,13 인 수열에서는 기울기가 오목한 곳에서 볼록한 곳으로 변할 때 1만큼 작아진다. 2,4,6,10,16,26인 수열에서는 4만큼, $\sqrt{2}$, $2\sqrt{2}$, $3\sqrt{2}$, $5\sqrt{2}$,…에서는 2만큼 변화가 생긴다.

171 사라지는 도형과 마방진

정사각형에 합동인 사각형 4개를 만든 후 각 사각형을 같은 방향으로 180^0 반시계 방향으로 회전시키면 정사각형이 생긴다. 하지만 처음 사각형과 만들어 지는 사각형의 변의 비보다 지나치게 크게 보이는 사각형 구멍이 생겨 처음 사각형의 일부분이 없어진 것처럼 보인다.

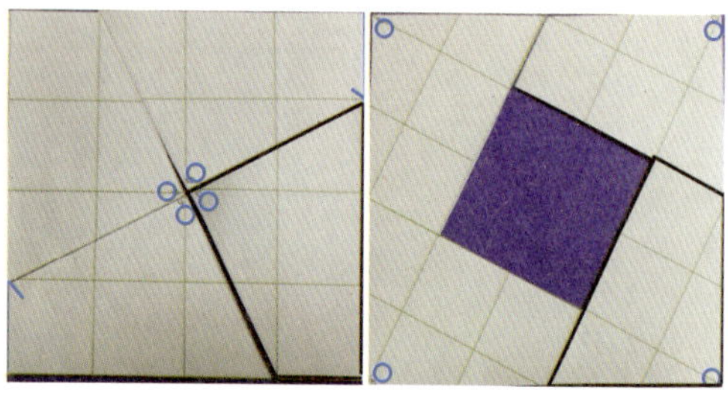

위 현상을 마방진과 결합하면 아래의 놀라운 트릭이 생긴다.

시행준비

일정한 크기 비율의 정사각형에 아래와 같이 수를 배열하고 자른다.

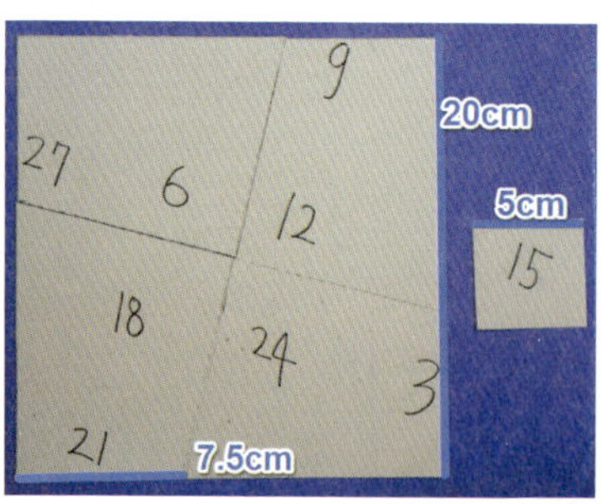

20×20정사각형 앞면의 숫자들의 배열, 15가 적힌 5×5정사각형

20×20정사각형 뒷면의 마방진

시행

① 마법사는 관중에게 앞면의 5 조각의 마방진 값(45)을 확인시킨 후 카드를 뒤집어 뒷면의 마방진을 만들어 보라고 한다.

② 관중은 아무리 노력해도 4조각으로만 정사각형을 만들어 마방진을 구성할 수 있다. 그런데 하나 남는 조각이 바로 새로 구성된 마방진의 합임을 알고 놀라워 할 수밖에 없다.

원리

앞면 사각형을 다음과 같이 변형하여 관중에게 보인다.

172 정사각형 합동분해

직사각형을 서로 다른 정수의 변을 갖는 정사각형으로 분해하는 일은 도전할만한 퍼즐이 될 수 있다.

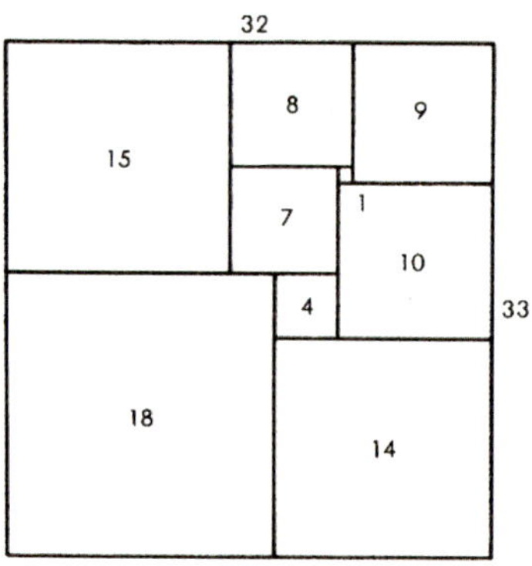

32×33 직사각형에서의 정사각형 분해

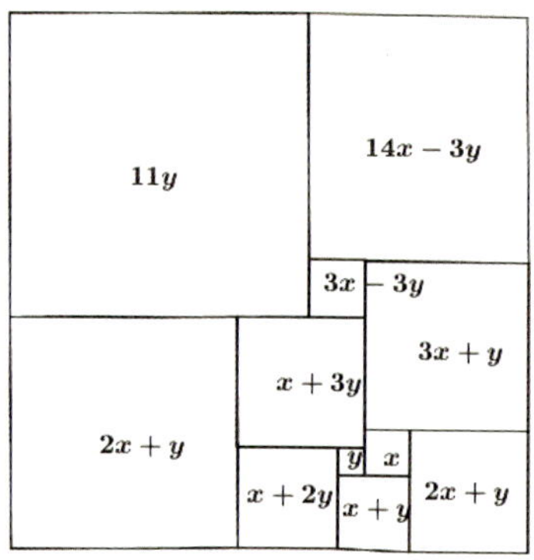

직사각형에서 정사각형의 분해하는 과정의 예 $16y = 9x, x = 16, y = 9$

그러나 정사각형을 서로 다른 정수의 정사각형으로 분해하는 일은 쉬운 일이 아니었으며 불가능다고 여겨지게 되었다. 하지만 영국의 젊은 수학 전공생들의 도전으로 전기회로 문제와 평면그래프 문제로 변환하여 해결하게 된다.

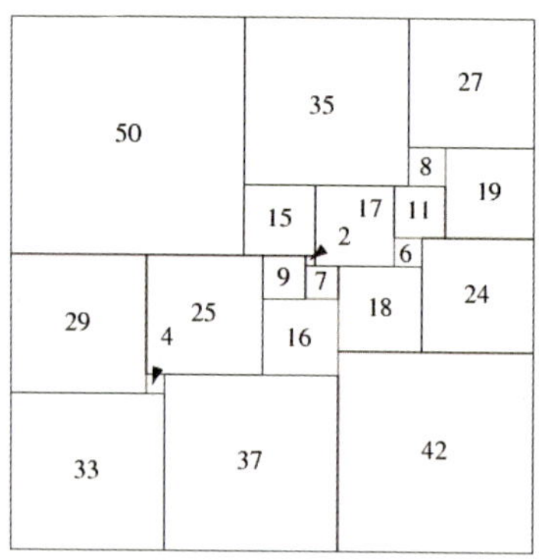

여러분도 한번 찾아보세요.

173 합동도형 만들기

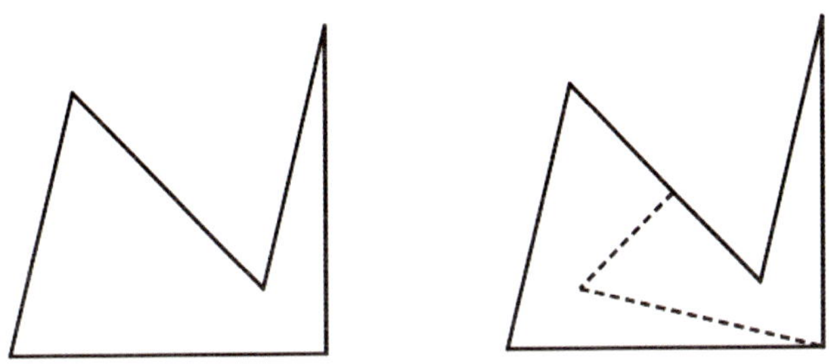

오른쪽 도형과 합동인 도형을 도형의 내부에 2개 만들 수 있는가?

다음의 각 도형에 대하여 도전해 보자

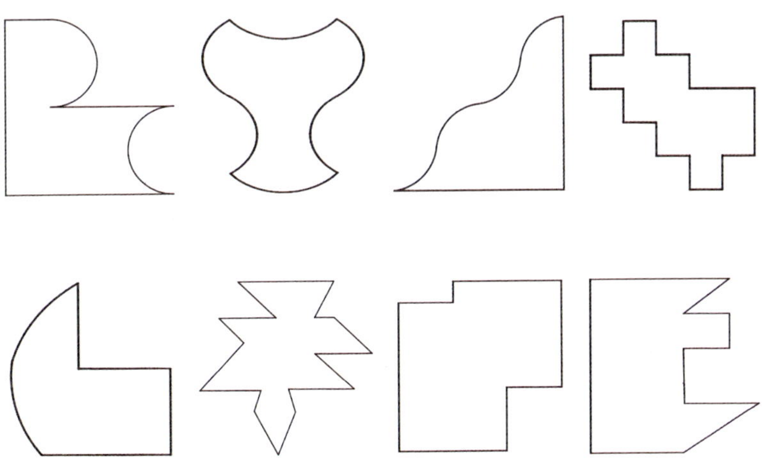

해답 예시

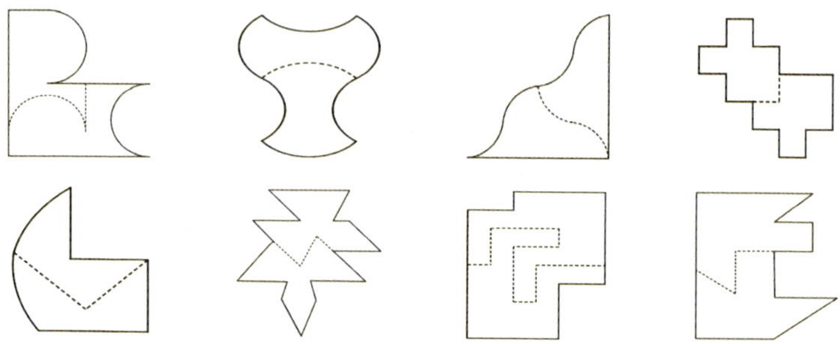

② 다음 도형에서는 합동인 도형을 몇 개나 만들 수 있는가

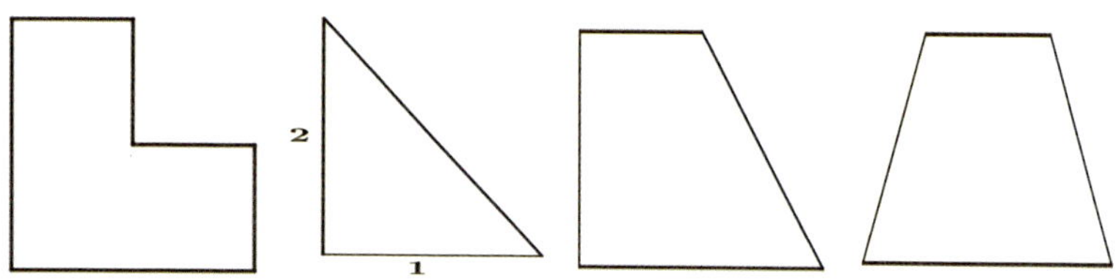

해답 예시

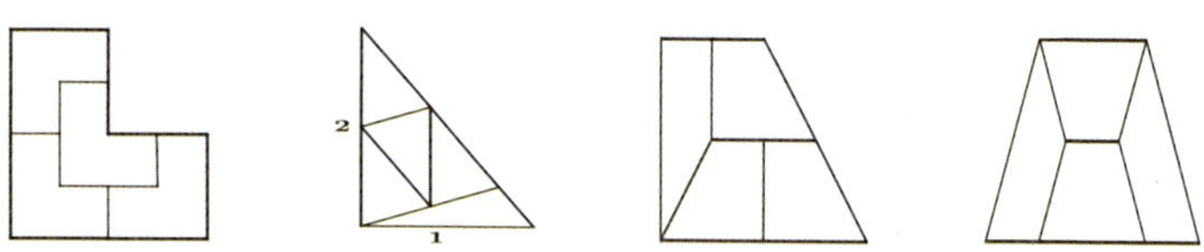

174 나선의 배신

불가능한 일 같지만 '과정의 역은 처음으로 일을 되돌려 놓는다'는 진리는 다음 트릭에서도 통한다.

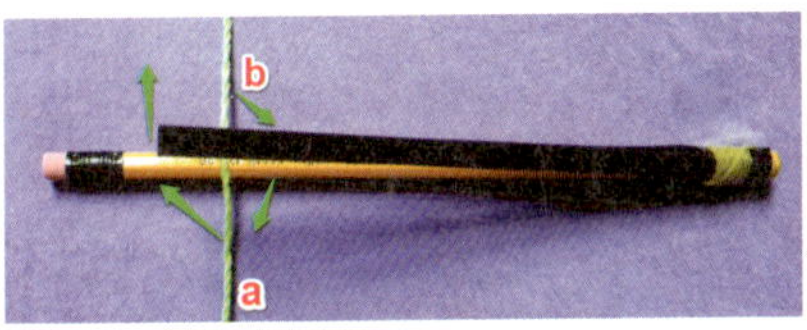

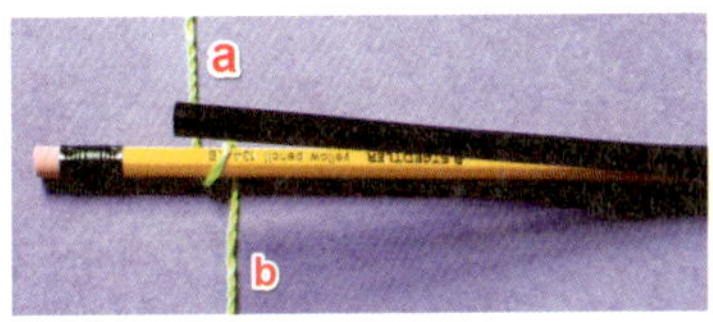

연필에 빨대를 고무줄로 고정시킨 후 a줄은 오른쪽, b줄은 왼쪽으로 엮는데 항상 a가 b줄 위로 올라가야 한다.

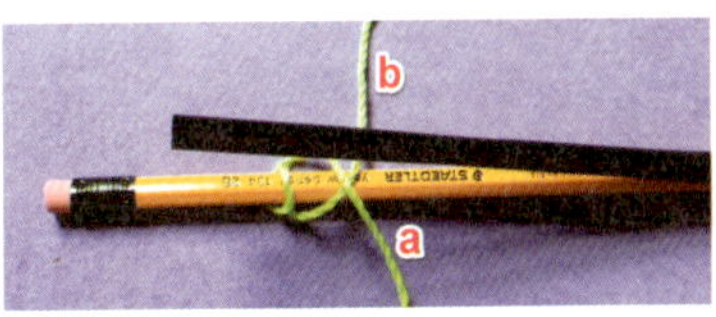

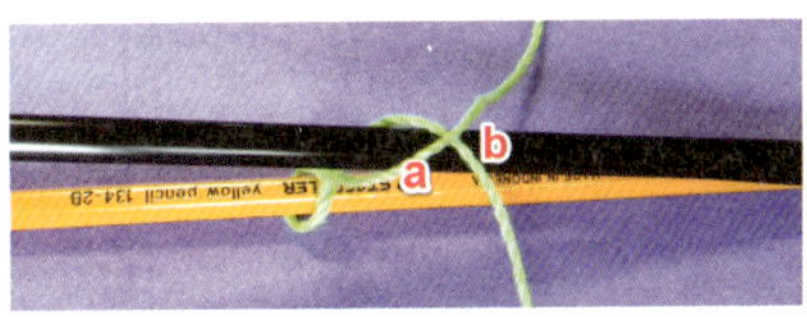

a줄은 왼쪽, b줄은 오른쪽으로 항상 a가 b줄 위로 올라가야 한다. 이제 빨대를 감으면서 a가 오른쪽, b가 왼쪽으로 감는다. a가 b줄 위로 지나야 한다.

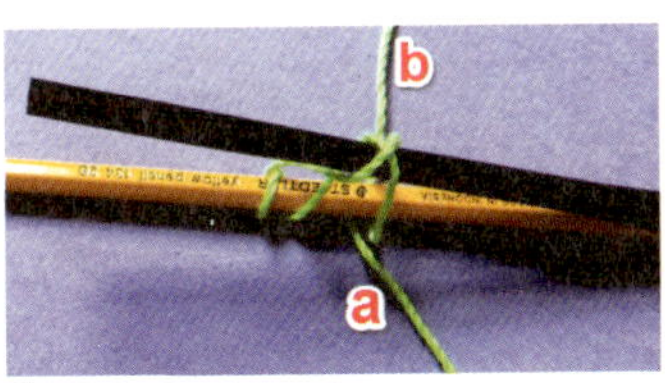

다시 a가 왼쪽, b가 오른쪽으로 감는다.

마지막으로 a가 오른쪽, b가 왼쪽으로 한다.

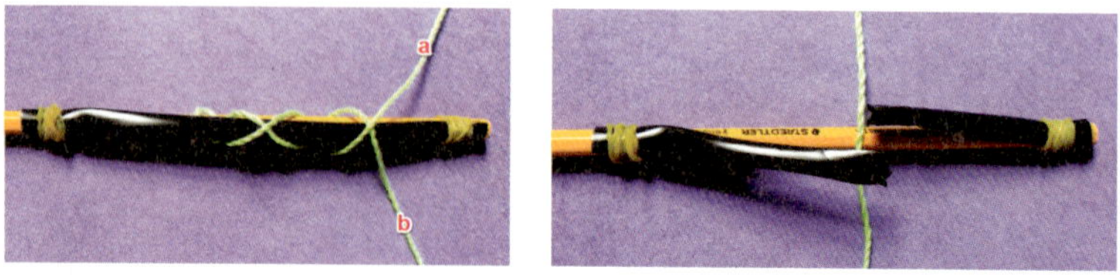

a,b 양쪽으로 잡아당기면 분명 연필을 통과하여 빨대만 자르게 된다.

원리

줄이 빨대에 감길 때와 연필에 감길 때가 서로 역으로 감겨져 빨대를 자른 줄은 연필을 통과할 때 그냥 풀리게 된다.

175 안과 밖 1

일상이든 수학이든 안과 밖의 구분은 중요하다. 한 번의 꼬임 변화로 안과 밖이 바뀌는 트릭을 살펴 본다.

줄의 안쪽 줄의 바깥쪽

① 마법사는 관중에게 위와 같이 줄을 감은 후 A, 또는 B에 손가락을 넣어 줄의 안쪽 또는 바깥쪽을 선택하라고 한다.

② 마법사는 줄을 당겨 마법사가 원하는 쪽으로 안과 밖을 정할 수 있다.

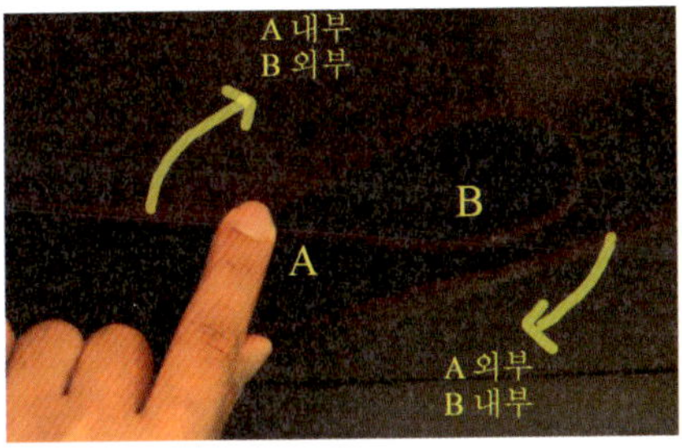

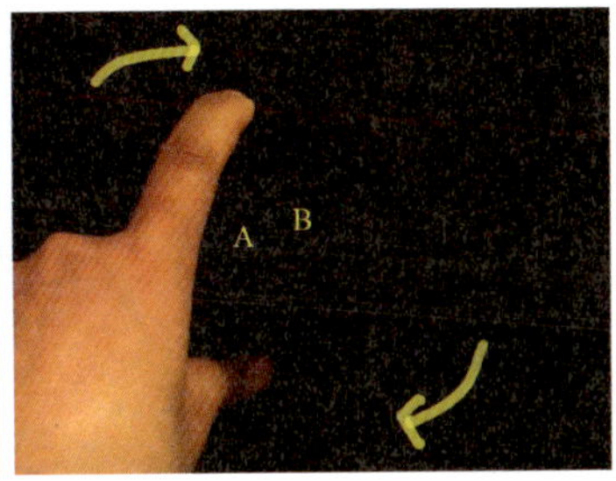

영역의 안과 밖은 마법사의 뜻에 따라 정해질 수 있다.

176 안과 밖 2

안과 밖1과 마찬가지로 한 번의 꼬임 변화로 위상이 바뀌는 트릭은 신기할 따름이다.

① 마법사는 먼저 관중에게 영역의 안과 바깥쪽을 구분하는 것은 쉽지 않은 것임을 보여준다.

줄의 내부와 외부는 줄이 엉켜 있을 때 또는 어둠 속에서는 구분하기 힘들다.

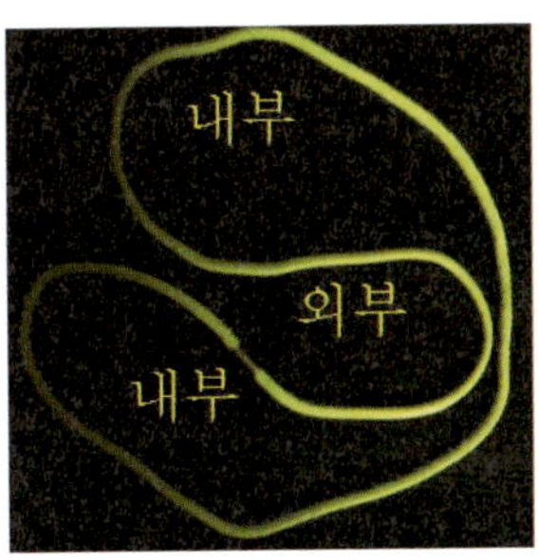

엉켜진 상태 또는 어둠에서 줄의 내부 또는 외부인지 아는 방법은 감각으로 알 수 있다.

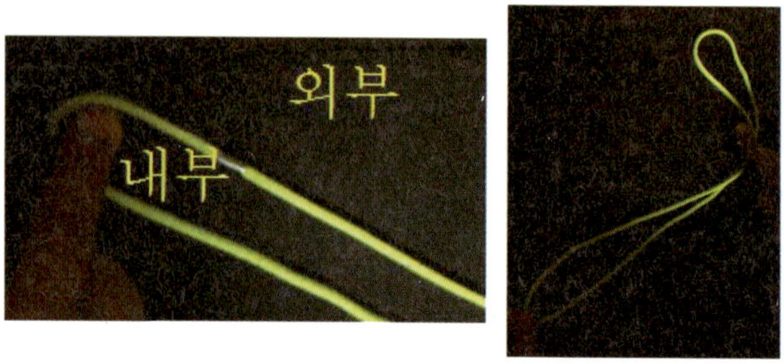

마법사는 아래와 같이 줄을 엉키게 하는데 한 번의 꼬임으로 영역의 안과 밖을 바꿀 수 있다.

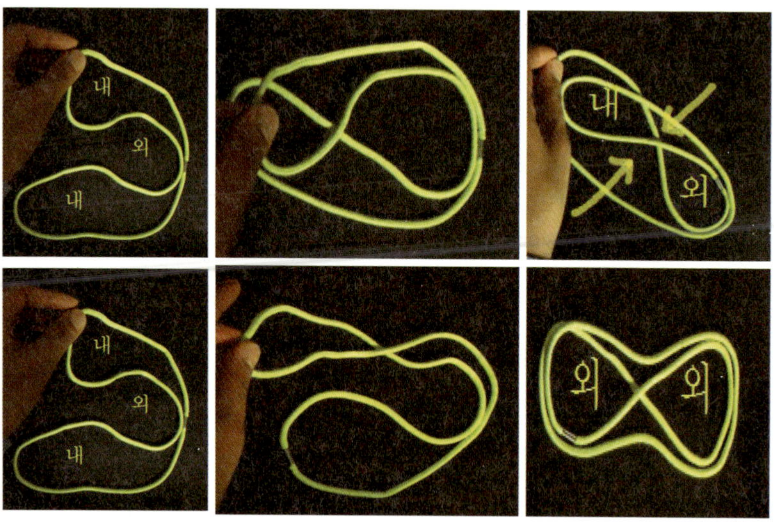

한 번의 꼬임

한번 꼬임(180도)을 주면 내부였던 곳이 외부로 바뀌게 된다.

안과 밖은 처음부터 정해졌던 것이 아니고 우리의 편의대로 정하고 인식되는 것 같다. 자르지 않고도 안과 밖이 바뀌어 지는 것은 같은 위상임을 말하고 있으니 안과 밖은 같다고 할 수 있다. 하지만 다음의 뫼비우스띠는 안과 밖의 구분이 없지만 위의 띠와는 다른 위상으로 꼬임의 신비한 세계를 좀 더 알아보자.

뫼비우스띠

뫼비우스띠는 꼬임의 특성으로 일반화 될 수 있다. 다음 일련의 조작(트릭)으로 모비우스띠의 특성을 더 잘 이해하고 응용할 수 있다. 여기서 꼬임은 한 부분을 잘라 180^0돌려 붙이는 것을 말한다.

먼저 꼬임이 2k 짝수이면 두 개의 면과 두 개의 변을 가지게 되며, 가운데를 자르게 되면 두 개의 링이 서로 k만큼 링크되고 각각의 꼬임은 k가 된다.

꼬임이 k 홀수이면 한 개의 면과 한 개의 변을 가지게 되며, 가운데를 자르게 되면 꼬임이 2k+2가 되는 큰 띠 하나가 된다. 결국 우리가 뫼비우스띠라고 하는 것은 꼬임이 홀수인 띠의 일부가 된다.

꼬임이 홀수 k일때 1/3 자르면 가운데 부분은 처음과 똑같은 것이 되고, 양옆 부분은 길이가 2배이면서 모양은 처음 띠의 가운데를 잘랐을 때의 링이 된다.

띠의 재료는 흔히 구할 수 있는 박스 노끈으로 자를 부분을 가위로 살짝 흔적만 만들고 손으로 뜯으면 쉽게 잘라진다. 띠를 붙일 때는 글루건을 이용하면 쉽게 붙일 수 있다.

177 뫼비우스띠 1

마법사는 비슷해 보이는(띠가 길면) 다음의 띠 3개(A,B,C)를 주고 가운데를 뜯어(잘라)보라고 한다. 단지 꼬임의 변화만 있을 뿐인데 결과는 예상하기 힘들어 진다. 꼬임의 개수에 따른 변화를 일반화해 본다.

A

꼬임이 0인 띠의 가운데를 자르면 꼬임이 0인 밴드 두 개가 생기다

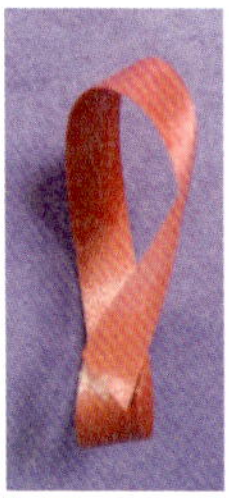

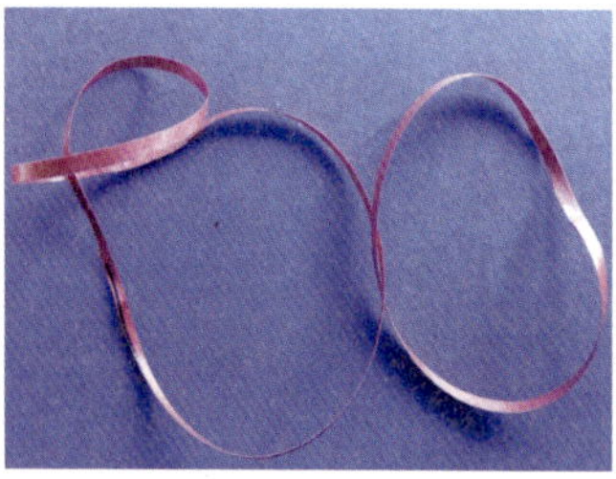

B

꼬임이 1번인 밴드 가운데를 자르면 꼬임이 4인 밴드가 되고 다시 가운데를 자르면 꼬임인 4인 두 개의 띠가 서로 엉킨다.

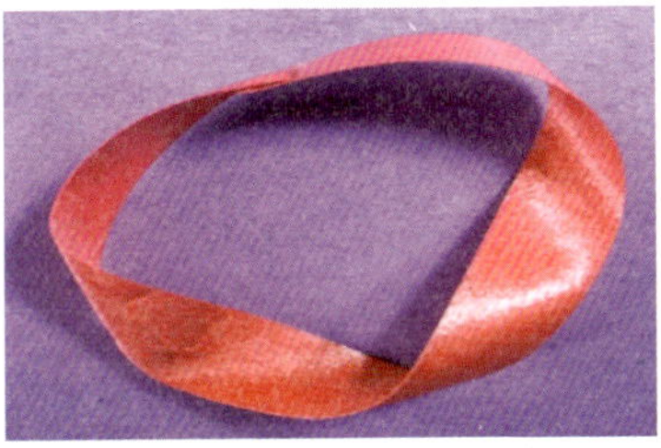

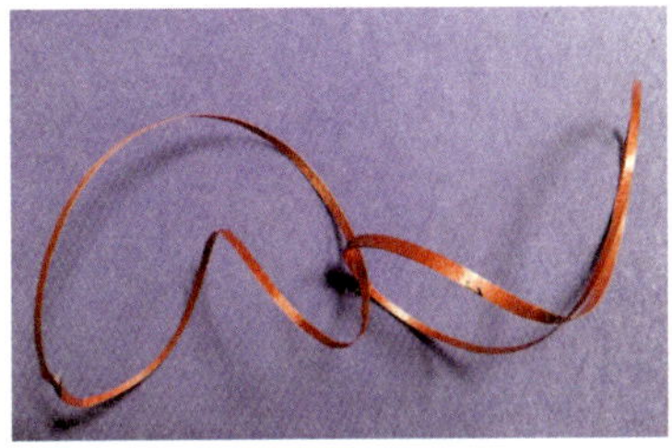

C
꼬임이 2개인 띠이므로 가운데를 자르면 꼬임 2개의 본래와 같은 띠가 1개로 링크되어 있다.

178 뫼비우스띠 2

다음으로 뫼비우스띠를 이용하여 비슷하게 보이는 띠 두 개(A, B)중 하나를 골라 결과를 예측하게 하는데 전혀 다른 결과가 나오지만 꼬임의 개수로 이해할 수 있다.

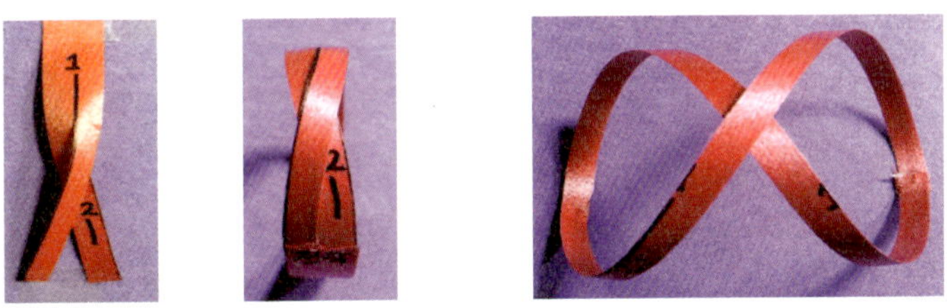

A
꼬임에 따른 위상의 구조를 이용하여 위와 같이 가운데 ①을 먼저 조금 잘라 엇갈리게 한 후 접착제로 둥글게 붙인다. 조금 잘려진 가운데 ①을 손으로 뜯으면 꼬임 없는 밴드가 한 바퀴 회전하여 2개의 꼬임이 생긴다.

※ 홀수꼬임의 띠 가운데를 자르면 꼬임의 두 배에 2가 더해지는데 2가 더해지는 이유가 바로 띠가 꼬임 없이도 한 바퀴 돌게 되면 꼬임이 2개 생기기 때문이다.

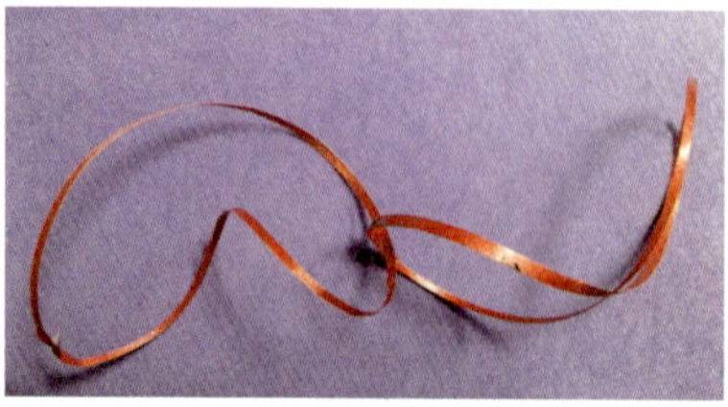

다음으로 꼬임이 2인 띠를 ②가운데 자르면 두 개의 면과 두 개의 경계를 가지는 두 개의 띠에 링크기 1개 만들어 진다.

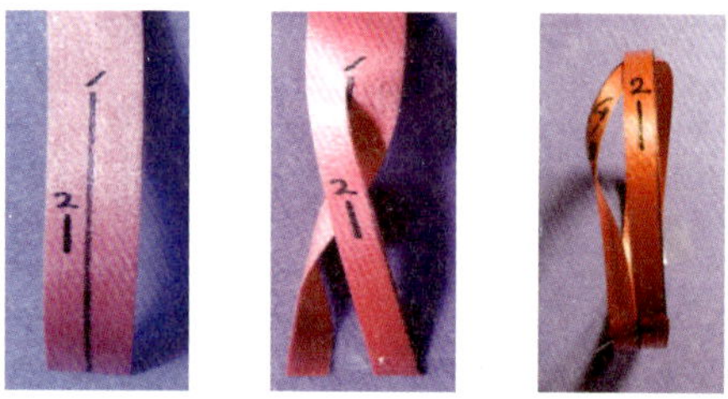

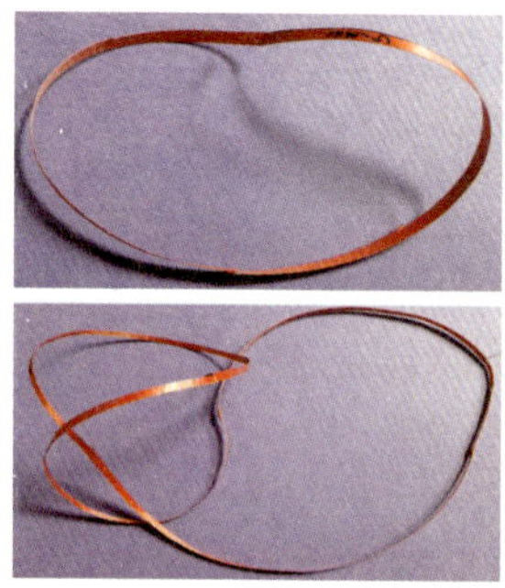

B

A와 비교했을 때 ①부분을 자를 때 꼬임을 1번 풀어 결국 꼬임이 1번인 뫼비우스띠와 같게 만들 수 있다.

뫼비우스띠와 같으므로 가운데②를 자르면 꼬임이 4인 띠가 생긴다.

179 뫼비우스띠 3

A 모양의 띠는 두 개의 뫼비우스띠가 포개져 있는 것처럼 보인다. 안에 막대를 끼우고 돌리면 제자리로 막대가 돌아온다. 분명 두 개의 뫼비우스띠는 분리되어 있는 것처럼 보인다. 하지만 풀면 꼬임이 4개인 연속된 띠가 된다.

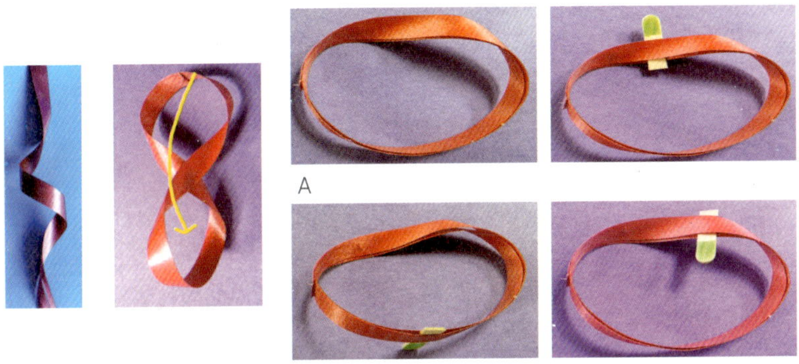

꼬임이 4인 8자모양의 띠에서 윗부분을 아래로 내리면서 감싸면 뫼비우스띠가 겹쳐진 모양이 된다. 겹쳐진 뫼비우스띠 안에 방향이 있는 막대기를 끼우고 돌리면 방향이 반대로 되돌아온다. 분명히 분리된 띠처럼 보이지만 분리되지 않은 하나의 띠로 트릭에 이용된다. 뫼비우스띠는 방향을 보존하지 않는다. 방향을 보존하지 않는 위상구조는 모두 뫼비우스 구조를 포함한다.

180 뫼비우스띠 4

뫼비우스띠의 $\frac{1}{3}$ 지점을 자른 결과를 보면 꼬임의 특성이 더 잘 보인다. 다음의 3가지 비슷해 보이는 3개의 띠(A, B, C)의 $\frac{1}{3}$ 지점을 자른 결과를 예측해 보고 설명해 본다.

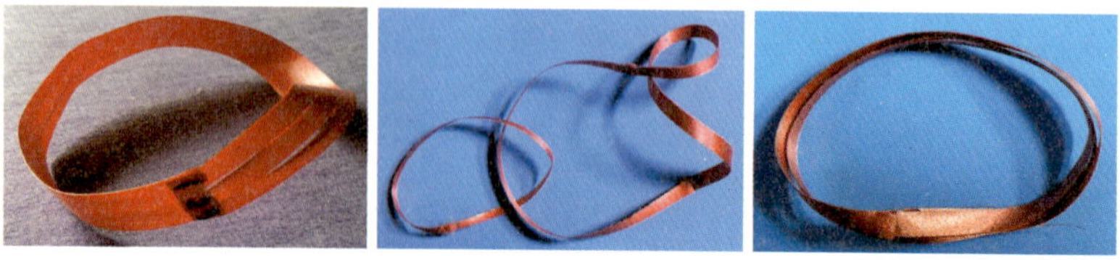

A

뫼비우스 띠의 $\frac{1}{3}$ 지점을 자르게 되면 처음의 뫼비우스띠 한 개와 꼬임이 4개면서 처음 것의 길이가 2배인 띠가 생긴다. 뫼비우스띠를 가운데로 하여 8자(꼬임4)띠를 접으면 처음띠(뫼비우스)3개를 겹쳐 놓은 것이 된다. 가능할까? 한번 해보자

이러한 성질을 비교하기 위하여 다음의 변화를 줄 수 있다.

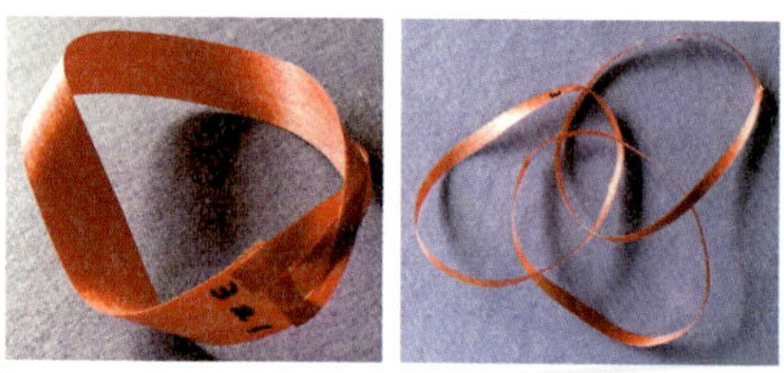

뫼비우스띠의 3과 1부분을 서로 엉키게 바꾸어 놓으면 서로 엉킨 뫼비우스 띠 3개가 된다

B

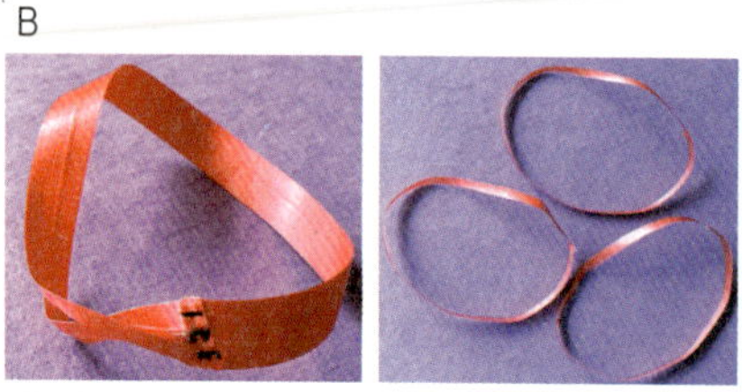

이번엔 3과 1부분을 서로 엉키지 않게 바꿔 놓으면 같은 뫼비우스 띠 3개가 생긴다.

C

181 뫼비우스띠 5

관중에게 꼬임이 0인 띠(실린더)와 뫼비우스띠를 같이 붙인 것들 중 (A,B,C) 고르게 하여 하트가 엮인 것을 찾게 하는 트릭을 생각할 수 있다.

A

꼬임이 0인 띠(실린더) 2개를 붙인 것을 서로 가운데를 자르면 정사각형 모양이 된다.

B

실린더(꼬임이 0인 띠)와 뫼비우스띠를 붙인 것을 가운데로 자르고 수갑부분을 화살표 방향으로 돌려 가운데를 자르면 사각형 모양이 된다. 이를 이용하여 아랫부분을 손으로 잡고 있으면서 카드를 자르지 않고 왼쪽에서 오른쪽 모양으로 카드의 안과 밖을 바꿀 수 있는가?

C

뫼비우스띠를 같은 방향으로 붙여 가운데를 자르면 분리되는 띠 두 개가 생긴다.

D

뫼비우스띠를 다른 방향(띠를 한번 꼬을 때 왼쪽, 또는 오른쪽으로 꼬을 수 있다) 만들어 붙여 가운데를 자르면 우리가 찾는 하트가 엮인 모양을 만들 수 있다.

B에서 뫼비우스띠 부분의 $\frac{1}{3}$을 자르면 어떻게 될까?

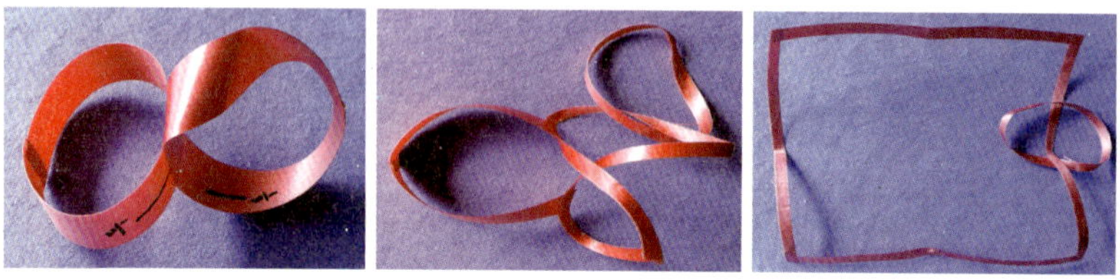

사각형 띠 안에 뫼비우스띠가 링크된 모양이 만들어 진다.

182 한번에 오리기

접어서 한 번에 오리기: '평면위의 모든 선분의 모임은 일직선 위에 놓일 수 있다'라는 정리를 이용하면 임의의 다각형을 한 번에 오려 낼 수 있다. 몇 가지 정리와 예를 통하여 확인하고 좀 더 복잡한 모양을 한 번에 오려 본다. 각의 이등분선과 수선이라는 익숙한 작도법만을 이용하여 놀라운 결과를 얻는 과정은 신비로울 뿐이다.

이웃한 두 변을 하나의 직선에 옮기는 방법으로 이웃한 두 변의 이등분선을 따라 접는 방법과 한 변이 같은 변에 겹치게 하는 방법인 변의 수선을 따라 접는 방법을 접힌 변들이 평면위에 포개질 수 조건 $|산-계곡| = 2$과 연계하여 임의의 다각형의 변을 한 직선에 놓을 수 있다. 다음의 몇 가지 예를 가지고 시행해 보자.

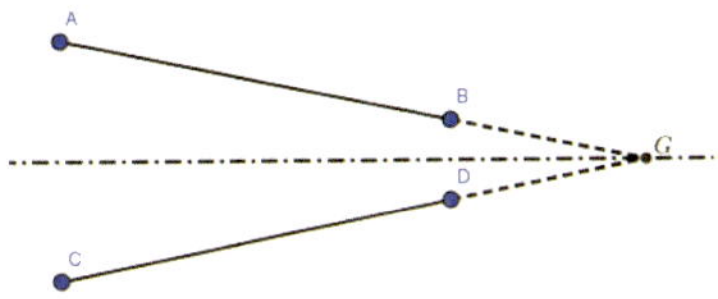

$\overline{AB}$와 $\overline{CD}$을 일직선 위에 놓는 방법으로 $\overline{AB}$와 $\overline{CD}$의 연장선이 만나는 점을 G라 할 때 $\angle AGC$의 이등분선을 중심으로 대칭으로 접는다.

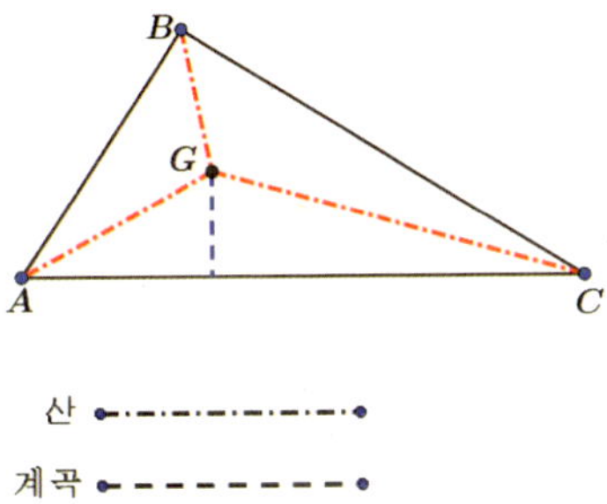

산접기는 위로 계곡 접기는 아래로 접는다. 평면위에 접혀 놓이기 위해서는 |산 − 계곡| = 2일 때 가능하다.

$\overline{AB}, \overline{AC}, \overline{BC}$ 세 변을 일직선위에 놓는 방법으로 삼각형의 이등분선의 교점(내심)까지 각각의 이등분선을 접는다. 이등분할 때 각이 180° 이하이면 이등분선은 산, 180° 이상이면 계곡 접기를 한다. $\angle A, B, C$ 모두 180° 이하이므로 교점G에 모이는 선들은 모두 산접기만 3개이다. |산 − 계곡| = 2를 만족시키기 위하여 G에서 자르는 변에 수선(계곡)을 내리는데 잘리는 변들이 일직선 위에 있기 위해서는 이등분선에 의하여 분할된 영역에 합동이 되어 접히도록 하는 수선이 필요하다.

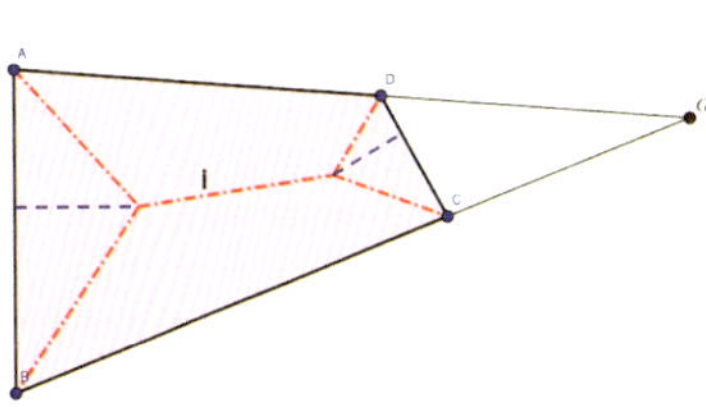

사각형 $ABCD$를 한 번에 오려내기 위하여 $\angle A, B, C, D$의 이등분선(산)을 구한다. 선분 I는 $\overline{AD}, \overline{BC}$ 연장선의 교점 G의 이등분선이 된다. |산 − 계곡| = 2를 만족시키기 위하여 수선(계곡)을 내려 접는다. |3 − 1| = 2가 된다.

임의의 삼각형과 사각형을 오려내는 과정에서 가장 기본적인 '한 번에 오리기' 방법을 익힌 후, 이를 응용하여 백조를 한 번에 오려본다.

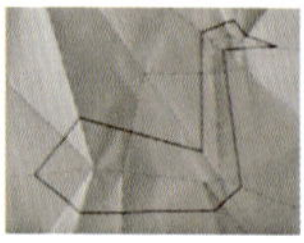

산과 계곡에 따라 접히는 선에 자국을 낸다.

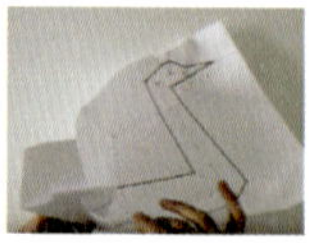

접힌 자국에 따라 종이를 접어 평면위에 접어 놓는다.

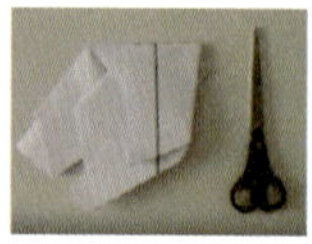

백조를 이루는 모든 선분이 일직선위에 놓이게 된다.

잘려진 종이를 편다.

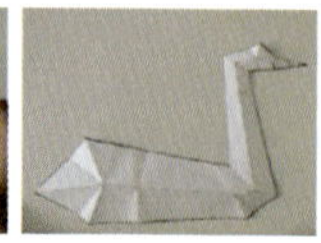

백조가 된다.

http://erikdemaine.org/foldcut/examples/

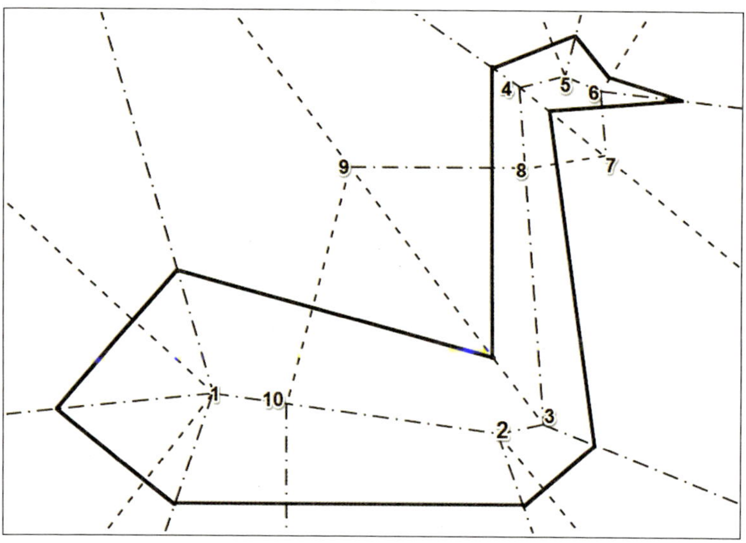

1. 꼬리쪽 변들의 이등분선(산) 3개와 몸통변의 연장선으로 만들어진 각의 이등분선(산)1개의 교점①에서 합이 4개이므로 2개의 수선(계곡)이 필요하다.
2. 몸통변의 이등분선과 앞쪽 아래변의 이등분선의 교점을 ②라 하자
3. 목 아래쪽 두 변 중 한 쌍이 이루는 각은 180° 이상이므로 계곡과 산의 교점을 ③이라 하자. ②와 ③이 연결되면서 교점②는 산이 3개가 되므로 수선이 1개 필요하다.

4. 목의 두 변 중 한 쌍은 계곡, 한 쌍은 산이 되고 두 이등분선의 교점을 ④라 하자. 긴목의 변을 이등분하는 선은 ③과 ④를 연결하게 된다. ③, ④에서는 산과 계곡의 차가 2이므로 더 이상의 수선은 필요 없다.
5. ⑤, ⑥도 같은 방법으로 설명된다. 교점⑦은 교점④와 교점⑥의 이등분선의 교점인데 계곡이 두 개이고 산이 한 개이므로 수선인 계곡이 한 개 더 필요하다. ⑧은 이수선과 긴목변의 이등분선과의 교점인데 수선인 산이 한 개더 필요하다. 이 수선(산)과 교점③에서 나온 계곡이 만나 교점⑨가 된다.
6. 교점⑨에서 계곡인 수선이 한 개 더 필요하고 이 수선이 몸통의 이등분선과 만나 교점⑩이 되고 수선(산)을 변에 연결시켜 마무리 한다.

183 한번에 펴기

쉽게 생각할 수 있는 지도 접기로 가로와 세로로 연속적으로 접게 되면 지도를 펴는데 많은 시간과 동작이 필요하다. 또한 접히는 부분이 몇 부분으로 한정되어 있어 많이 접히는 부분은 훼손되어 쉽게 찢어지게 된다. 이러한 문제점을 해결하는 지도접기로 미우라(일본 우주항공 과학자)가 개발한 지도접기로 알아본다.

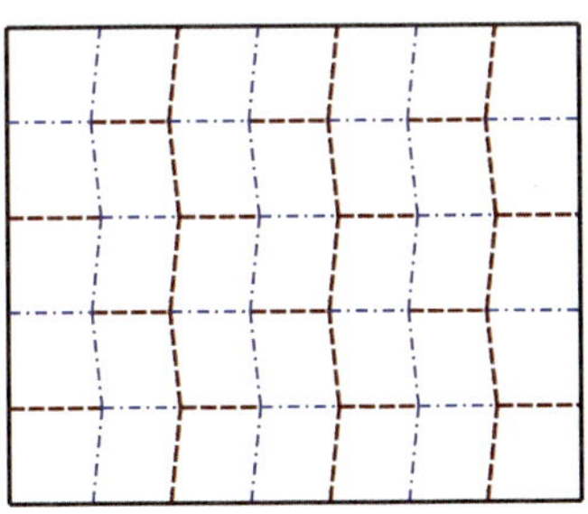

① 산 계곡의 교점(꼭지점)을 보면 |산 − 계곡| = 2임을 알 수 있어 평면에 접혀 놓일 수 있음을 알 수 있다.
② 꼭지점들은 산이 3개 계곡이 1개면 위로 산이1개 계곡이 3개면 아래로 교대로 접히게 된다.
③ 선분 한 개가 접히게 되면 유기적으로

모든 선분이 움직여 접히게 되어 한 번의 동작으로 지도가 펴지게 되고 모든 변과 꼭지점에 들어가는 힘이 같게 되어 특정부분이 훼손되지 않는다. 또한 선분 하나가 산에서 계곡으로 바뀌게 되어 접히려면 모든 선분이 유기적으로 서로 바뀌어야 하는데 그럴 가능성이 적어 안정적이다.

구글 이미지 참조: 한 번에 펴지고 안정적인 구조로 우주항공분야(안테나, 태양전지 등)에 응용 가능

한번 해보자 !!

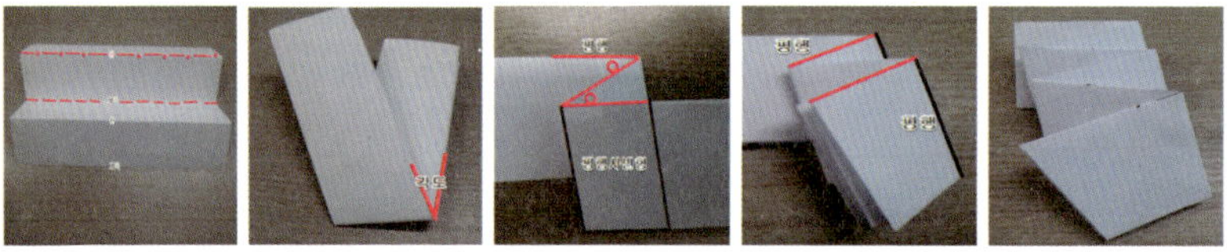

사각형의 종이를 산과 계곡으로 번갈아 균등하게 접는다.

접어서 각도를 주어 다시 접는다. 각도에 따라 사각형의 모양이 결정된다.

평행하게 반대로 접어 평행사변형이 되도록 한다.

다시 반대로 평행하게 접는 과정을 반복한다.

접힌 종이를 펴면 각행은 산과 계곡이 반복되는데 모두 산과 또는 계곡으로 만 갈아 접는다.

종이의 양 옆을 펴고 접으면 한 변에 펴지고 접히는 지도 접기가 완성된다.

184 신발매듭속의 수학

신발끈을 매는 일상의 소재를 조금 낯설게 보면 수학을 볼 수 있다. 신발끈을 엮는 방법, 끈의 길이 구하는 방법, 마무리 매듭 묶는 법 등에 수학이 있다.

신발끈을 매는 방법의 수는 2개의 구멍(6쌍)인 경우 예를 들어 단순히 12개의 구멍에 끈을 넣어 묶는 방법만을 생각해보면 안쪽, 바깥쪽에서 시작할 수 있어 24가지 방법이 있고 다음 22가지 다음 20 가지 방법으로 단순하게 계산해 보면 $24 \times 22 \times 20 \times 18 \times 16 \times 14 \times 12 \times 10 \times 8 \times 6 \times 4 \times 2 =$ 1,961,990,553,600. 하지만 이 숫자는 거울에 대칭인 경우, 같은 방법인데 방향이 반대인 경우, 등에 의하여 1/4만큼 줄어들 수 있어 500만 가지나 된다. 하지만 신발끈 묶기라는 현실적인 상황을 고려한다면 좀 더 복잡한 계산이 필요한데 ①신발끈의 최종도달 지점은 맨 윗부분이어야 한다. ②모든 구멍에 두 개의 끈이 연결되어야 하는데 연속으로 끈이 같은 열에 있으면 안 되며(구멍은 옆부분을 죄일 수 있어야 한다) ③ 모든 끈은 한 번씩만 구멍에 들어갈 수 있다 등의 현실적인 조건이 추가된다면 $\frac{(n!)^2}{2}\sum_{k=0}^{m}\frac{1}{n-k}\binom{n-k}{k}^2$이란 공식을 얻을 수 있으며 12개의 구멍인 경우 43,200가지 수가 된다. 이 공식은 오스트리아 수학자 Burkard Polster가 저명한 과학저널(nature, 2002)에 신발끈을 묶는 수학적, 과학적인 방법을 게시하면서 전 세계적으로 신발끈 묶기에 대한 관심을 높였다.

관중은 아래 3가지 신발끈의 길이를 아래의 그래프에서 찾아 비교하고 산술적인 방법으로 정확한 끈 길이를 구하는 방법을 생각해 본다

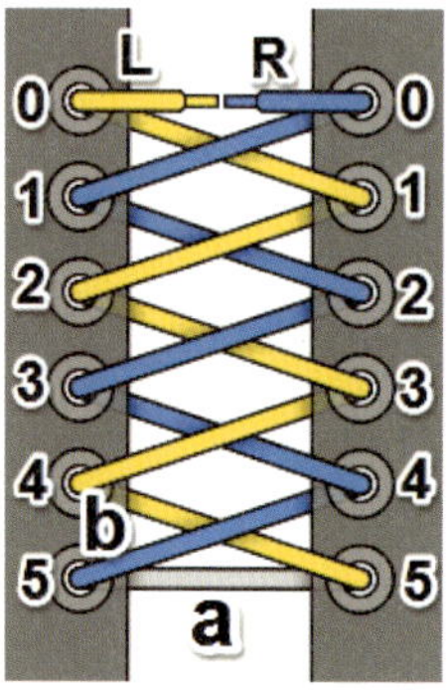

미국 스타일 A

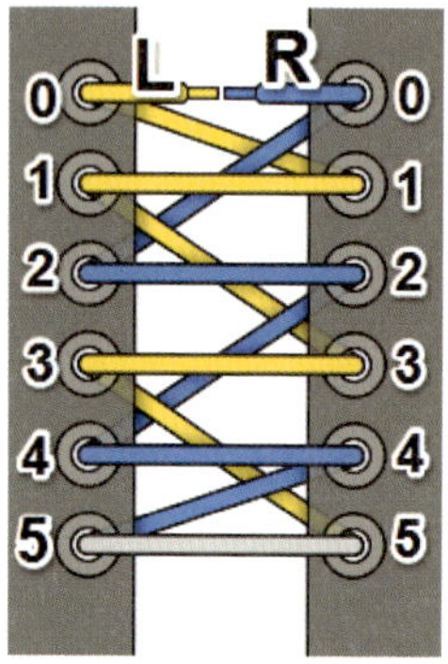

유럽스타일(별모양) B

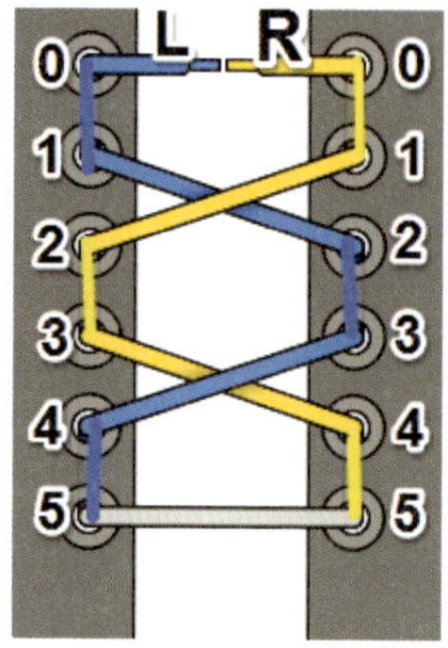

스케이트, 군화 묶기 C

구멍	미국 스타일 A	유럽스타일(별모양) B	스케이트, 군화 묶기 C
6쌍	$10\times\sqrt{a^2+b^2}+a$	$4\times\sqrt{4b^2+a^2}$ $+5a+2\sqrt{a^2+b^2}$	$4\times\sqrt{a^2+b^2}+6b+a$
n쌍	$2(n-1)\times$ $\sqrt{a^2+b^2}+a$	$2(n-1)\times\sqrt{a^2+4b^2}$ $+(2n-1)a+2\sqrt{a^2+b^2}$	$n\sqrt{a^2+b^2}+a+(n-2)b$ $(n-1)\sqrt{a^2+b^2}$ $+a+(n-1)b$

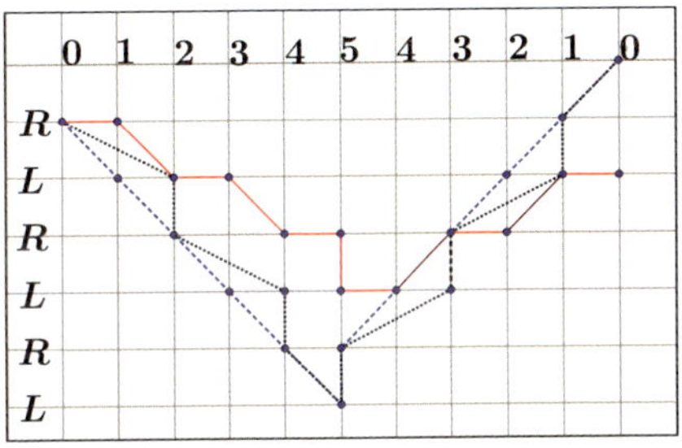

A(파란 점선)와 B(검은 점선)를 비교해 보면 같은 위치를 가는데 A는 삼각형의 빗변, B는 다른 두변의 길이가 되어 B가 더 길다, B와 C의 대각선 수를 비교하면 C의 대각선 수가 작아 C의 신발끈을 묶을 때 끈 길이가 가장 작아진다.

미국특허(US5997501 A1)를 받은 안전 매듭 묶는 방법과 이안(ian)의 가장 쉬운 신발 묶는 방법은 신발끈 묶기 안에서 실용과 재미 모두를 얻을 수 있다.

안전매듭 묶기

보통 신발끈 묶는 준비 단계에서 왼쪽에 리본모양을 만든 후 오른쪽 끈을 아래로부터 돌려 위로 감아 다시 구멍 안으로 넣어 리본은 만든다.

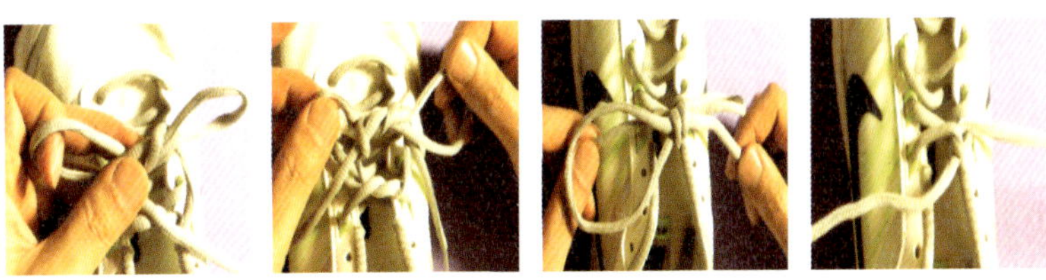

오른쪽 리본을 아래로 하여 왼쪽 리본과 방향을 바꾼 후 오른쪽 리본을 구멍 안으로 넣어 한번 감아 당기면 매듭이 두 번 묶여진다. 신발끈을 잡아당기기만 하면 쉽게 풀어진다.

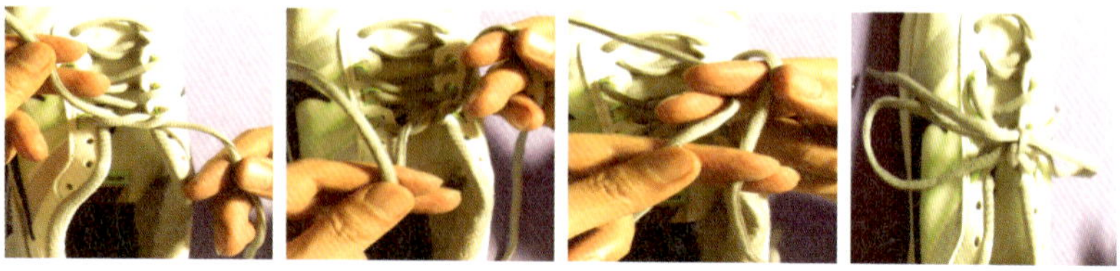

이안(ian's)의 신발끈 묶는 방법 : 왼쪽, 오른쪽 손을 아래 위로 이동 후 각각의 검지와 중지로 실발끈을 잡아 안으로 잡아당기기만 하면 된다.

185 대수기하 퍼즐
(대수기하)

고대부터 실용적인 2, 3차원의 문제의 모델링부터 아름다운 예술품까지 다면체로 표현이 가능했다. 특히 대칭을 이루는 다면체는 여러 규칙적인 패턴을 보이는데 이를 서로 관련시키고 일반화 하는 것이 오늘날 수학자들이 하는 것과 같다. 대칭을 모델링한 것이 현대의 수학으로 우리가 아무 의심 없이 사용하는 사칙연산의 일반화도 대칭의 연구에서 비롯된 것이다. 여기 대칭과 대수를 연결시키는 정육면체의 퍼즐의 예로 기하의 대수화를 음미해 보자

직사각형의 마름모

모든 직사각형은 아래의 그림대로 대각선을 접어 합동인 삼각형을 이용하여 마름모를 만들 수 있다.

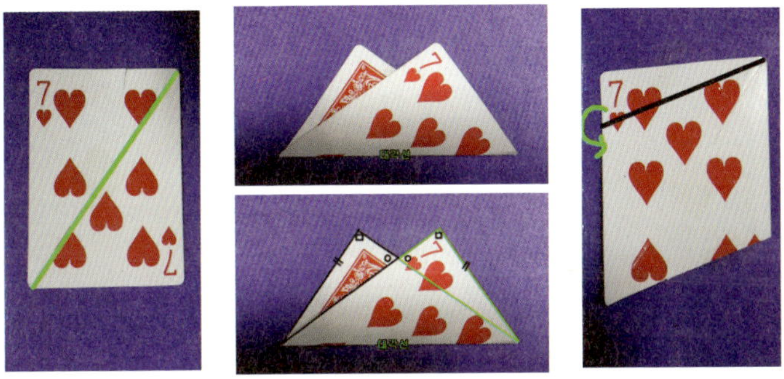

마름모 십이면체: 정육면체의 12변에 마름모를 대응시켜 만들어진 다면체로 석류씨앗의 모양과 닮았다. 면은 12(정육면체의 변)개 꼭지점 14(정육면체의 면 6+정육면체의 꼭지점 8)이다.

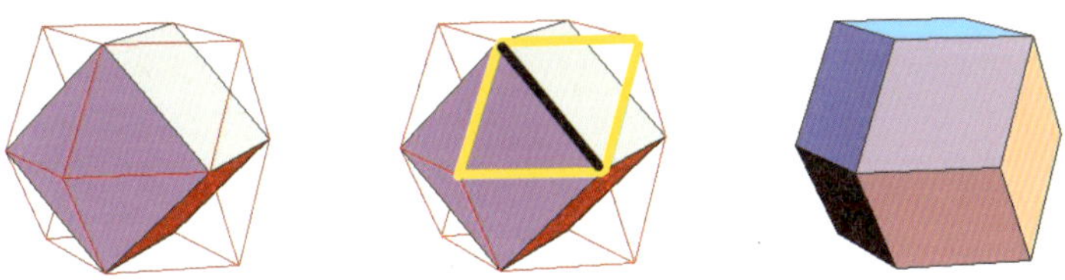

다음 조건을 만족시키는 다면체를 만들 수 있는가?

12장의 카드, 숫자 문자 J,Q,K,에 따른 문양(♣,♡,♠,◇)의 카드를 이용하여 안정적인 마름모 12면체를 만드는데, 다음의 규칙을 따라야 한다.

① 14개의 꼭지점 중 면이 3개씩 모이는 꼭지점 8개는 서로 다른 문자 J,Q,K가 하나씩 모이고 ② 4개의 면이 모이는 꼭지점 6개에 서로 다른 문양(♣,♡,♠,◇)이 하나씩 모이도록 할 수 있는가?

이를 다시 문제화하면

① 정육면체의 8개의 꼭지점에 서로 다른 문자(J, Q, K)의 변이면서
② 6개의 면에 서로 다른 색(♣,♡,♠,◇)의 변으로 만들어진 정육면체를 만들 수 있는가 하는 문제이다

위 문제를 각각 따로 따로 접근해 보자

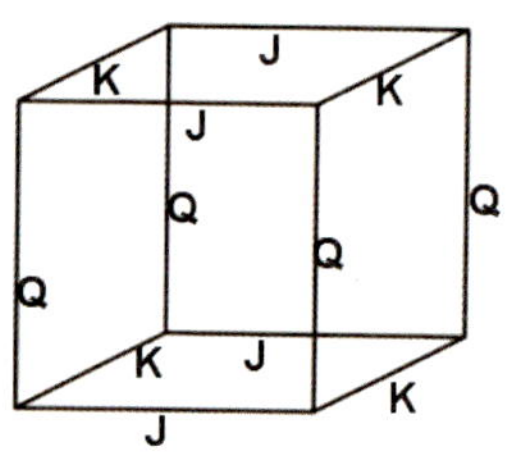

①을 해결하는 방법으로 정육면체의 12개의 변들 중 X,Y,Z축과 같은 방향으로 같은 문자를 대응시킨다. 이러면 3개씩의 변으로 만들어 지는 8개의 꼭지점에는 서로 다른 문자가 모이게 된다.

②를 해결하기 위한 방법중 먼저 네 개의 대칭축을 중심으로 120^0 회전 시킬 때 마다 같은 위치에 오는 변을 같은 색으로 인식하는 방법이 있다.

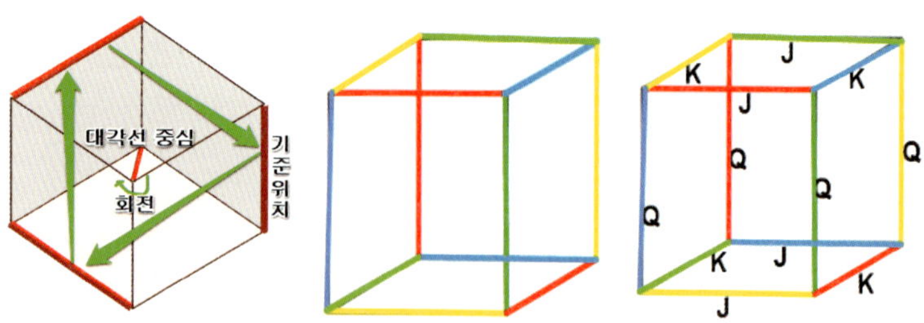

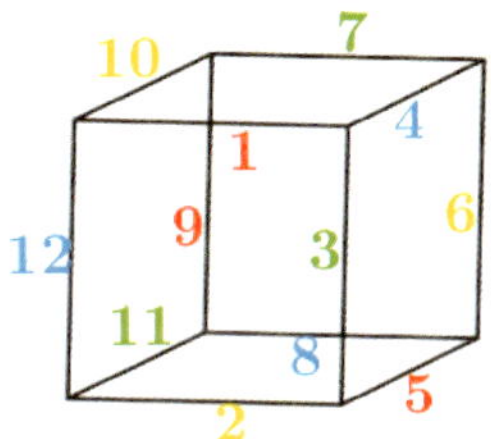

다른 방법으로 1부터 4칸씩 이동하여 대응되는 변을 같은 색으로 인식하는 방법이 있다. ①, ②의 과정을 대수식으로 표현하면

z_3(문자)$\times z_4$(문양)$=z_{12}$와 같이 할 수 있으니 기하와 대수가 연결된 퍼즐이라 할 수 있다.

이제 12장의 카드로 마름모 12면체를 만들어 보자

위치문자(J,Q,K)와 빨(♣) 노(♡) 초(♠) 파(◇)에 따라 카드를 이어 나간다.

J(♣),Q(♠),K(◇) 순서대로 잇는다.

K(◇) 인접한 Q(♡), J(♠)를 잇는다.

J(♠)이 인접한 Q(◇), K(♡)를 잇는다.

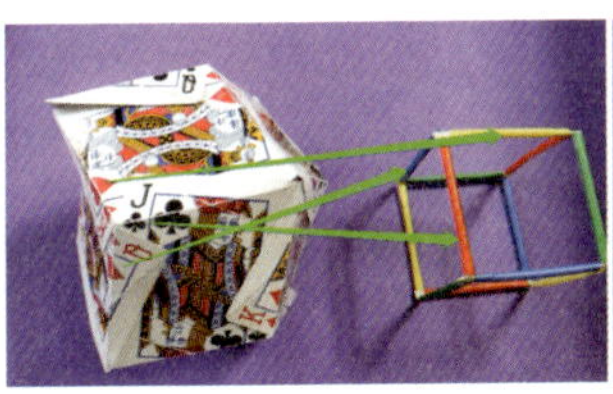

위의 과정을 계속해가면 규칙을 따르는 마름모 12면체를 만들 수 있다.

186 탱글로이드
(대수)

아래의 3개의 줄이 평행하게 두 개의 막대에 수직으로 당겨져 있을 때 회전, 평행 이동, 돌리기(꼬기) 등의 3가지 엉킴 방법을 사용하여 엉켰다가 다시 처음의 풀린 상태로 만드는 방법을 대수구조로 이해할 수 있다.

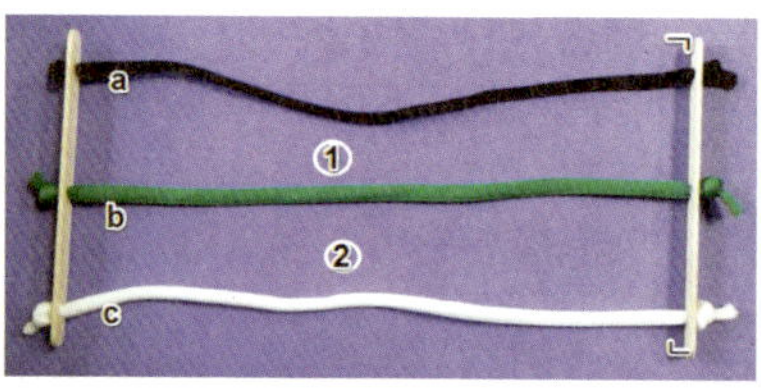

처음 시작 위치

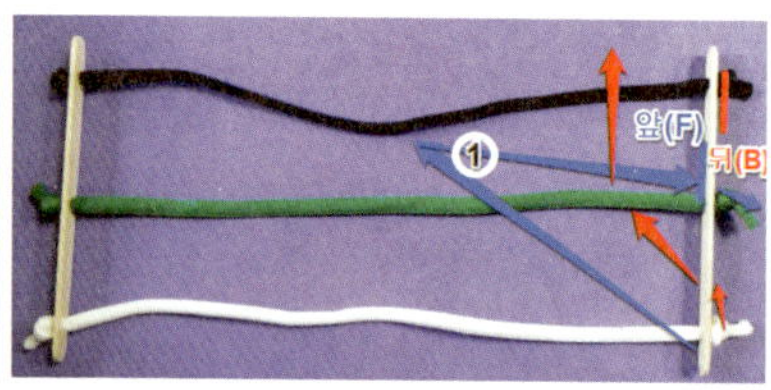

회전하는 조작 ①F, ①B 예시

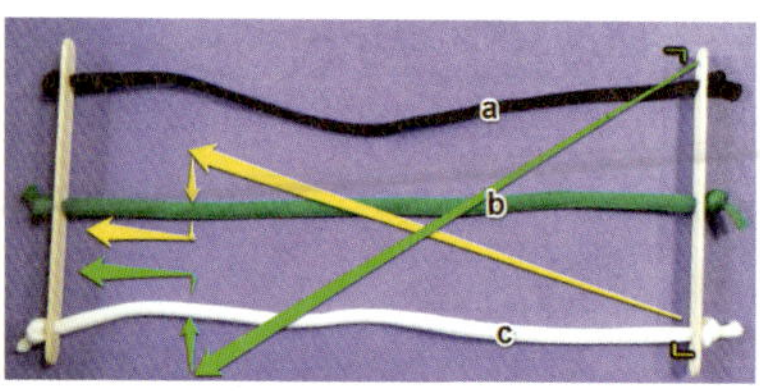

평행이동 조작 ㄱc, ㄴb 예시

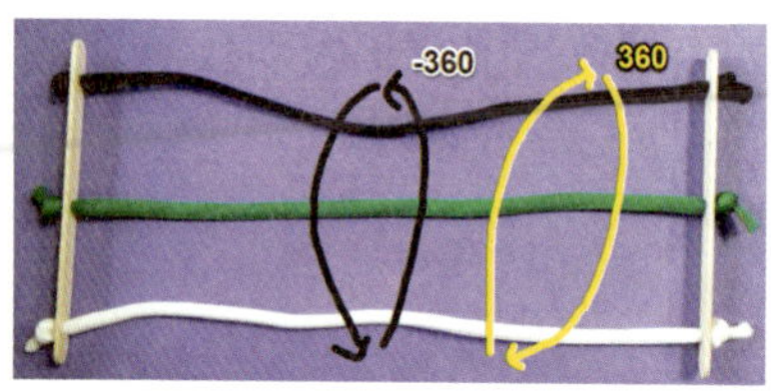

꼬는 조작 360, (−360) 예시

조작의 구성원

평행이동		회전		돌리기(꼬임)	
ㄱ	a	①	F	360	−360
ㄴ	b	②	B	720	−720
	c				
	ab,ba,cb,bc				
	abc, cab				

각 방법을 유한번 사용하여 엉키게 한 다음 다시 유한번 이용하여 처음으로 돌아오게 하는 것은 각각의 엉킴에 대한 역원을 찾는 것으로 아무 조작도 하지 않는 것은 항등원에 비유될 수 있다.

조작의 실제

엉키게 하는 조작

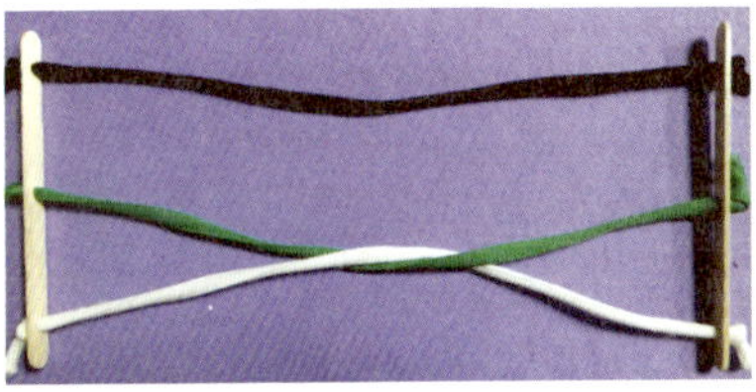

ㄱa=①F(−360)
ㄱa360=①F
ㄴ(bc)(−360)=①F

엉킴을 풀리게 하는 조작(역원)

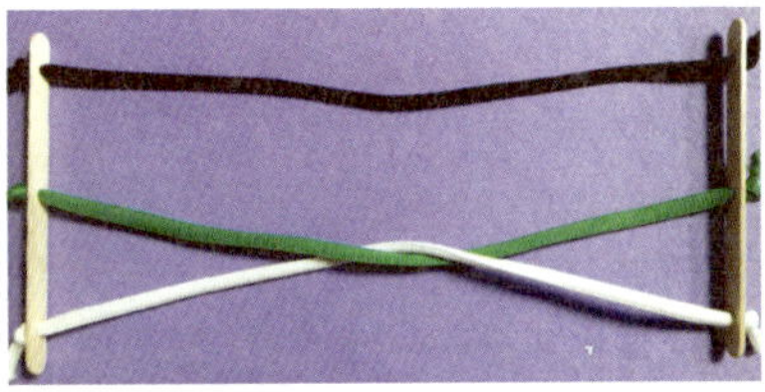

ㄴa=①B360
ㄴa(−360)=①B
ㄱ(cb)360=①B

①F②B=ㄴb
②B①F=ㄴb

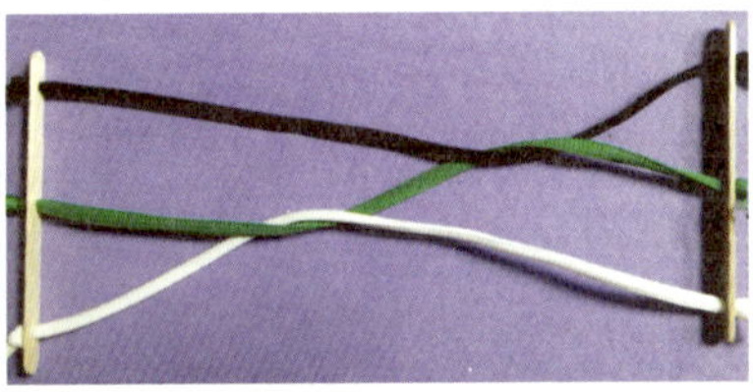

①B②F=ㄱb
②F①B=ㄱb

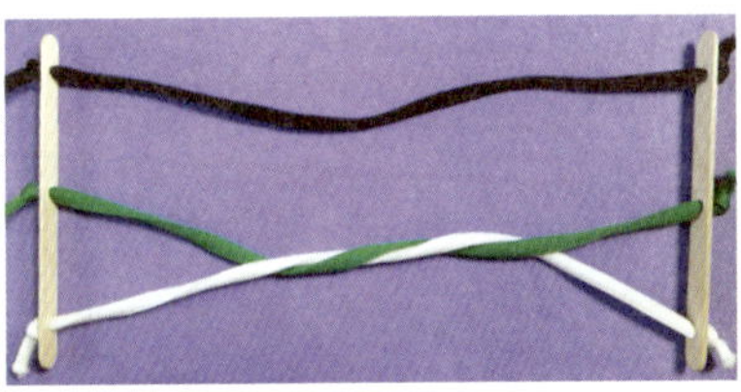

①F①F=ㄱaㄴ(bc)

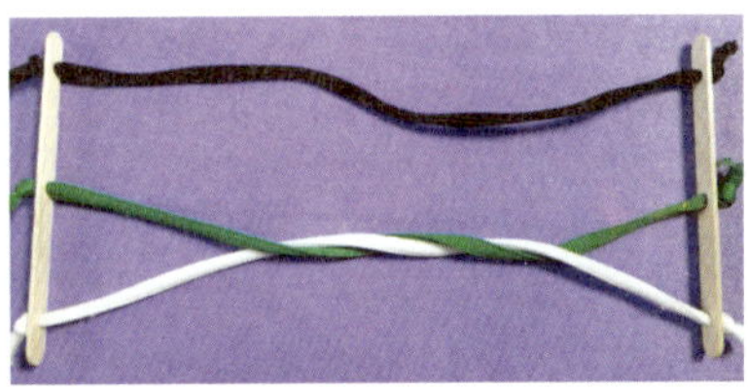

①B①B=ㄴaㄱ(cb)

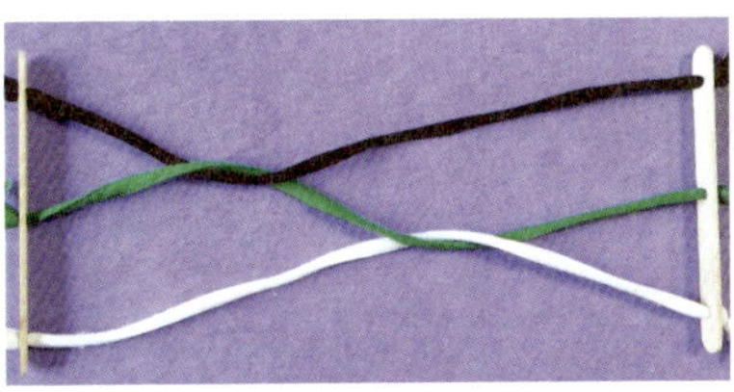

①F②F, ㄴcㄱa

②B①B, ㄴaㄱc

②F①F, ㄱaㄴc

①B②B, ㄱcㄴa

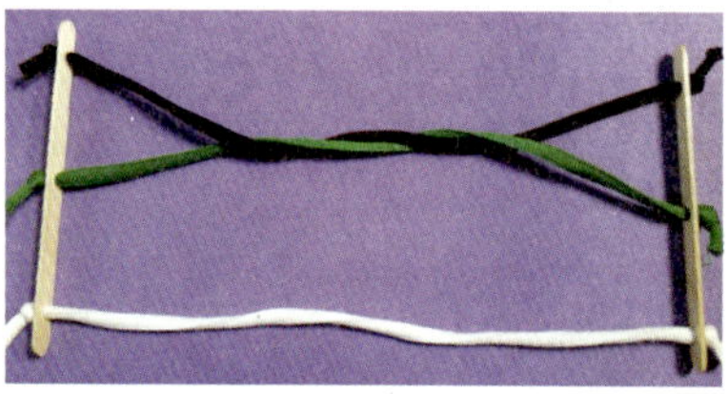

②F②F = ㄱ(ba)ㄴc

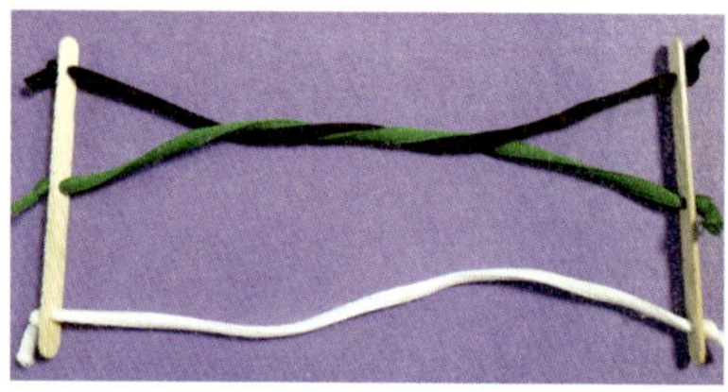

②B②B = ㄱcㄴ(ab)

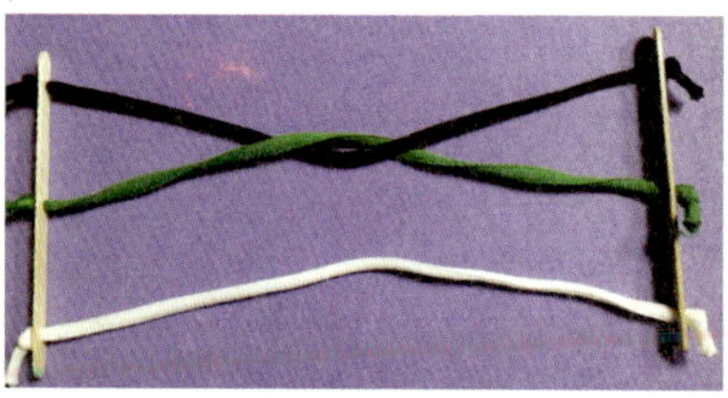

ㄱc360 = ②B
ㄴ(ab)(−360) = ②B

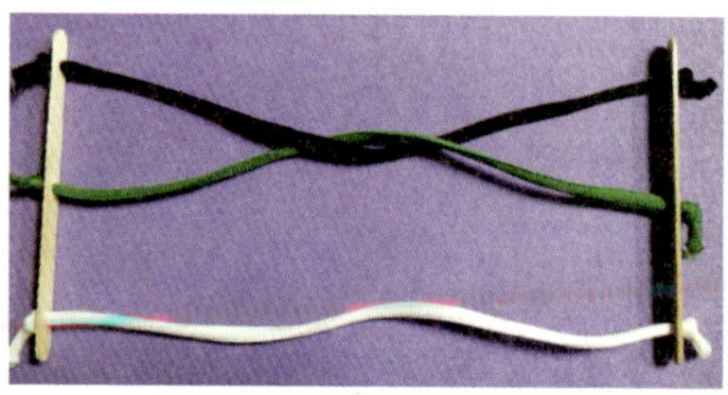

ㄴc(−360) = ②F
ㄱ(ba)360 = ②F

ㄱ(abc) = 720

ㄴ(cba) = −720

두 번의 꼬임(720)이 한 번의 평행이동으로 풀려질 수 있다는 것으로 3차원 공간에서 두 번의 회전은 처음과 같아진다는 것으로 spinor을 설명하는 모델링이 된다. 유선전화선의 꼬임이 한 번의 이동으로 풀어지는 것과 같다.

두 번(짝수)의 회전은 평행이동으로 풀어질 수 있으나 홀수 번의 회전은 불가능하다.

두 가지 형태의 게임을 할 수 있다.

① 제한적으로 임의대로 한 사람이 두 번의 회전을 하고 다른 사람이 평행이동만을 하여 풀어지게 하는 것을 번갈아 하면서 더 빨리 푸는 사람이 이기는 게임

① 일반적으로 위 3가지 엉키게 하는 방법을 1~3번 사용하여 엉키게 하고 더 빨리 처음 모습으로 푸는 사람이 이기는 게임으로 진행될 수 있다.

187 꼬임이 무슨 대수라고! 어 맞아 대수 (algebra)

아래 그림의 3개의 줄이 평행하게 두 개의 막대에 수직으로 당겨져 있을 때 회전, 평행, 2가지 엉킴 방법을 사용하여 다시 처음의 풀린 상태의 대칭을 대수구조로 일반화 할 수 있다.

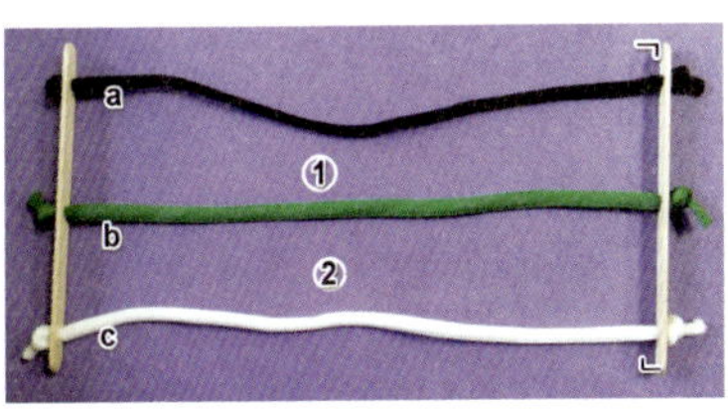

처음 시작위치

①, ② 공간에 막대 바를 앞과 뒤로 회전하는 방법은 ①F ②B 등으로, 줄, a, b, c, 등에 줄을 넣어 평행이동 된 꼬임은 ㄴ(c)ㄱ(a) 등으로 나타낸다. 자세한 꼬임과 푸는 방법은 동영상 참조

엉키게 하는 조작

엉킴을 풀리게 하는 조작(역원)

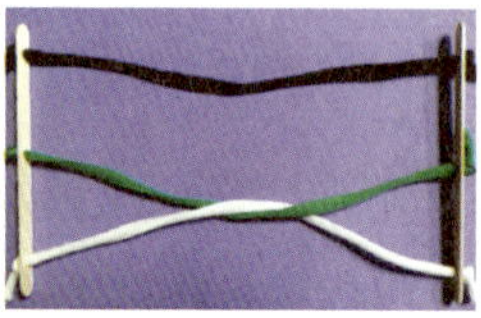

ㄴ(bc)(-360)=①F, ㄱ(a)(360)=①F

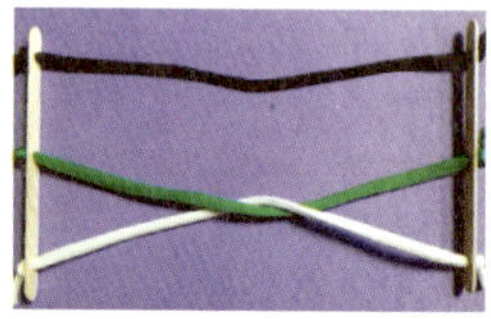

ㄱ(cb)(360)=①B, ㄴ(a)(-360)=①B

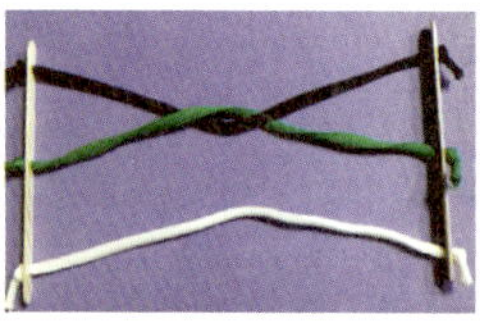

ㄱc360=②B,
ㄴ(ab)(-360)=②B

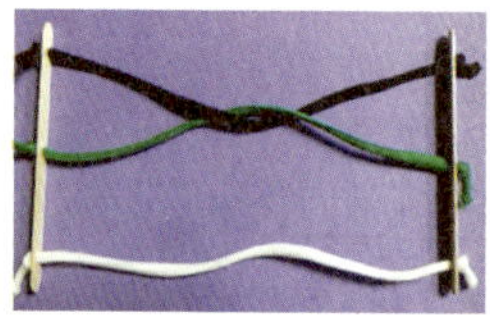

ㄴc(-360)=②F,
ㄱ(ba)360=②F

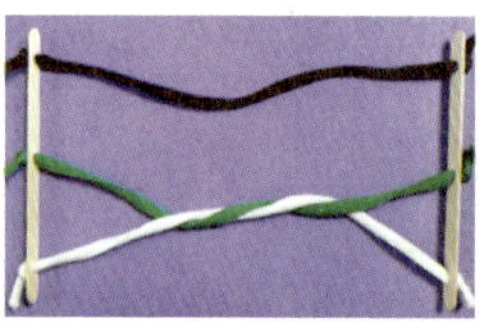

①F①F, ㄱaㄴ(bc),

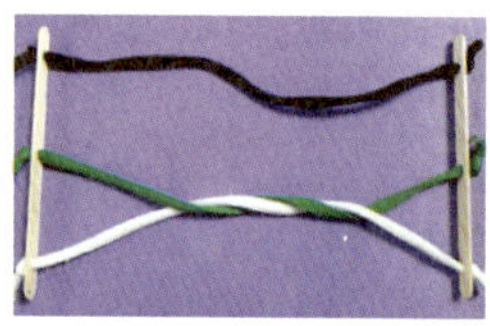

①D①B, ㄴaㄱ(cb)

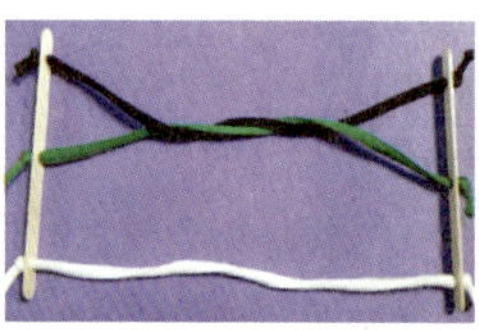

②F②F, ㄱ(ba)ㄴc

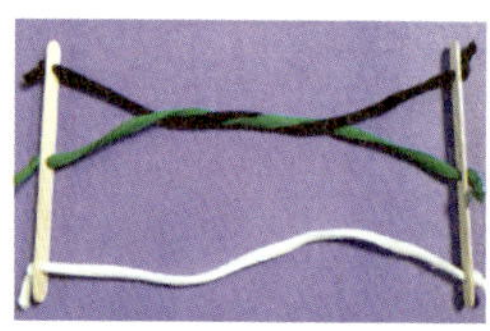

②B②B, ㄱcㄴ(ab)

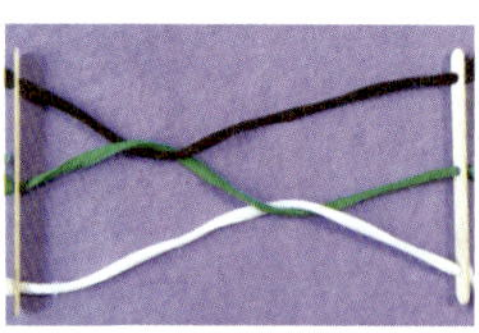

②B①B, ㄴ(a)ㄱ(c),
ㄱ(bc)ㄴ(ab),

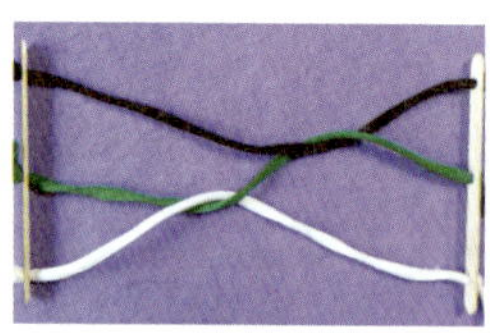

①F②F, ㄴ(c)ㄱ(a),
ㄱ(bc)ㄴ(cb)

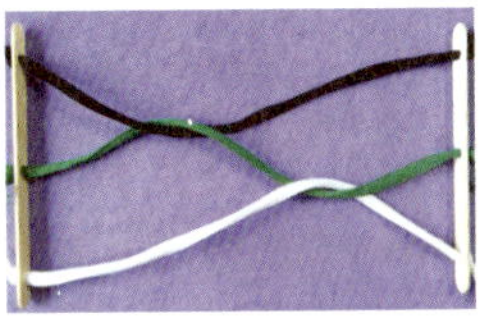

②F①F, ㄱ(a)ㄴ(c),
ㄴ(cb)ㄱ(ba)

①B②B, ㄱ(c)ㄴ(a),
ㄴ(ab)ㄱ(bc)

①B②F, ㄱ(b), ㄱ(ba)ㄴ(a),
ㄱ(cb)②F, ②Fㄱ(cb)

②B①F, ㄴ(b), ㄱ(a)ㄴ(ab),
ㄱ(c)①F, ①Fㄱ(c)

①F②B, ㄱ(c)ㄴ(bc),
ㄱ(a)②B, ②Bㄱ(a)

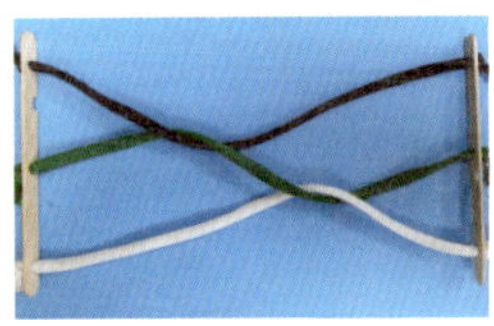

②F①B, ㄱ(bc)ㄴ(c),
ㄱ(ba)①B, ①Bㄱ(ba)

꼬임조작과 이것을 푸는 조작은 서로 대칭 관계가 됨을 두 번 회전의 꼬임을 두 번 또는 한 번의 평행이동으로 푸는 과정에서 확인된다.

또한 ①F②F, ②F①F에서 꼬임의 교환이 서로 같지 않지만 서로 대칭임을 확인된다.

간단한 방정식 $x + a = 0$에서 계수 a와, 근 $-a$는 수직선상에서 서로 대칭관계임을 알 수 있는데 꼬임 ⊙ 푸는 조작 = 처음상태 라는 일련의 조작과 비교할 때 꼬임과 푸는 조작의 결과가 서로 대칭임을 확인하여 방정식을 푸는 것과 꼬임을 푸는 것이 같은 구조임을 확인할 수 있다.

또한 1＋2＝2＋1 즉 교환법칙 성립된다는 의미를 교환법칙이 성립되지 않는 꼬임과 푸는 조작을 통하여 다시 그 의미를 되세길 수 있다. 따라서 약속된 어떤 꼬임도 일반화된 해(대칭)를 이용하여 푸는 방법을 알 수 있다. 게임 방법으로는 다음과 같이 응용될 수 있다.

① 제한적으로 임의 대로 한사람이 두 번의 회전을 하고 다른 사람이 평행이동만을 만을 하여 풀어지게 하는 것을 번갈아 하면서 더 빨리 푸는 사람이 이기는 게임

② 광의적으로 위 3가지 엉키게 하는 방법을 1~3번 사용하여 엉키게 하고 더 빨리 처음모습 푸는 사람이 이기는 게임으로 진행될 수 있다.

188 추측하기

두 개의 리본모양 종이띠의 상단에 클립을 끼우고 양 옆을 잡아당기면 클립이 엉키게 된다.

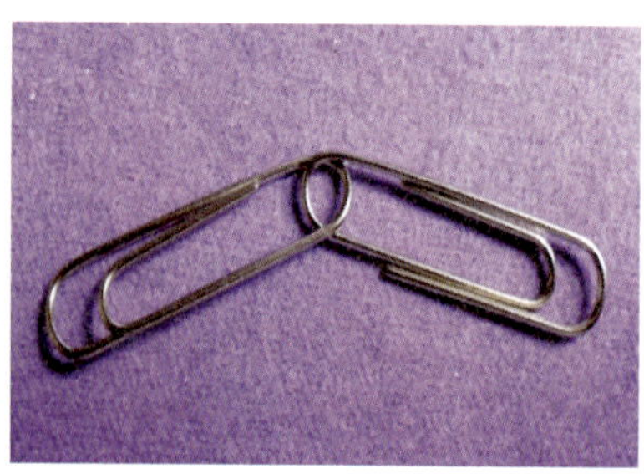

이제 링들을 리본의 안쪽, 바깥쪽에 링크할 때 또는 클립의 상하 이동에 따라 종이띠, 클립, 링의 관계를 추측해 보는 게임을 할 수 있다. 추측한 결과가 맞았을 때는 일반화 하고, 결과가 예상과 다르다면 그 원인을 생각해보고 수정해 보는 가운데 수학적 사고력을 기를 수 있다.

다음과 같이 링, 리본, 클립의 관계에서 결과를 예상해 보는 게임을 한다.

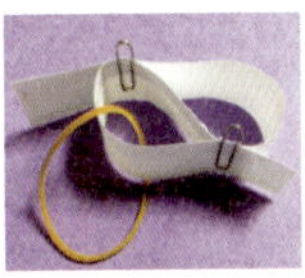
종이 띠 안에 링이 있는 경우

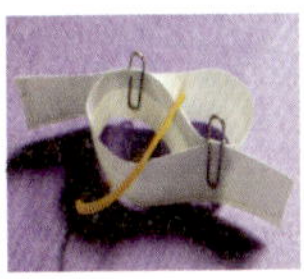
종이 띠 밖에 링이 있는 경우

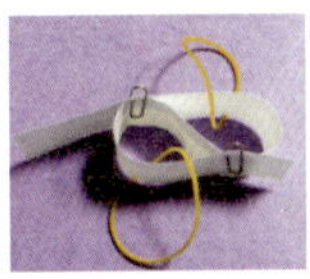
종이 띠 안에 링이 두 개 있는 경우

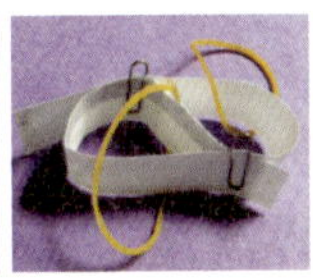
종이 띠 안과 밖에 링이 하나 씩 있는 경우

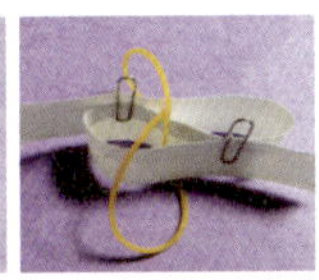
종이 띠 밖에 링이 두개 있는 경우

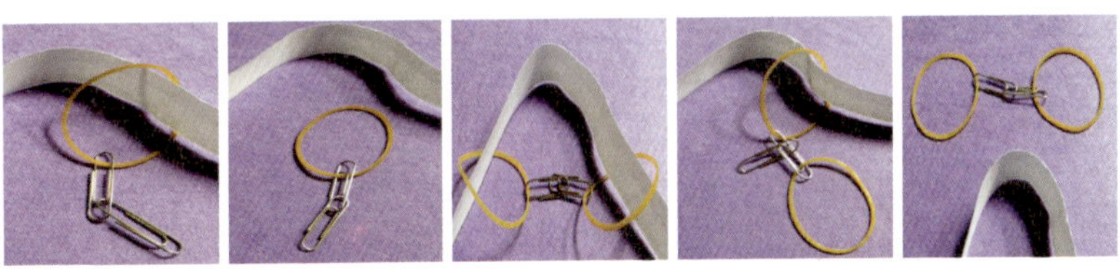

이번에 클립 하나를 아래로 옮긴다. 결과는 클립이 엉키지 않는다.

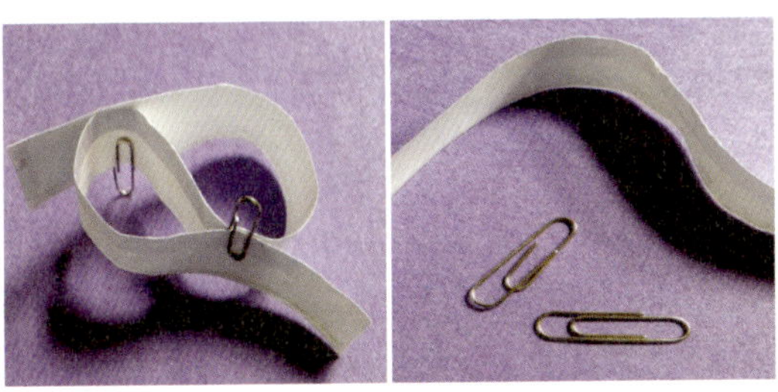

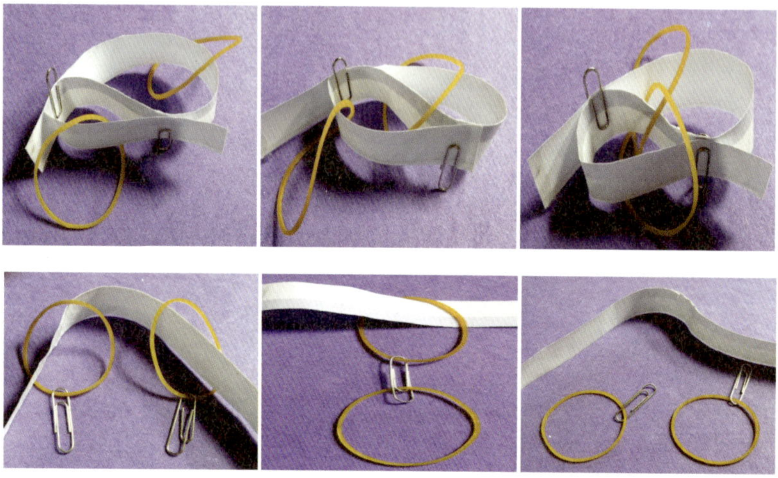

마지막으로 아래와 같이 밴드를 구성할 수 있겠는가? 더구나 그 결과(옆)를 예상할 수 있는가?

위 밴드 구성은 위 아래 리본의 바깥쪽에 링이 연결된 상태와 같아 링이 종이 밴드 밖으로 나올 것 같지만 결과는 브루네오링 이라는 3개의 고리가 연결된 모양이 된다.

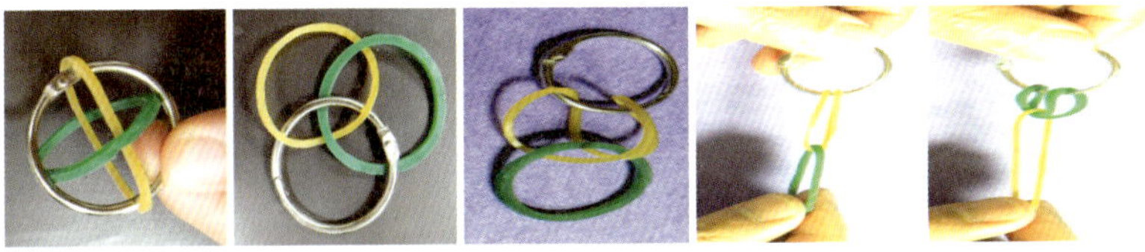

수학에서 브루네오링(borromean ring)은 3개 원모양의 고리로 연결된 링크로 3개의 고리가 엉켜 분리가 안되지만 어떤 정도 연결이 안되어 있어 3개중 한 개의 링이 풀리면 모두 해체되는 결과가 된다. 언뜻 보기에는 3개의 원으로 만들 수 있어 보이지만 불가능하며(링 한 개(파란 링)는 3차원공간에서 2개의 서로 다른 평면의 4개점을 가지면서 같은 평면에 있어야 하는데 이는 불가능하다) 링의 의미로는 협력의 힘을 나타낸다. [위키피디아 백과사전에서]

189 수학과 저글링

수학은 패턴을 읽고 분석하여 일반화 하는 학문이고 서커스의 꽃인 저글링은 시간과 공간에서의 공의 패턴을 조절하는 예술이므로 둘 사이의 관계는 깊을 수 밖에 없다. http://www.youtube.com/watch?v=38rf9FLhl-8

저글링의 역사는 4000년 전 이집트의 무덤 벽에 그려진 벽화로까지 올라가며 'Siteswap'이라는 수열이 수학자들에 의해 개발되면서 본격적으로 연구되기 시작하였다. 공간(공중)에 올려진 공들의 시간 패턴을 기술한 'Siteswap'을 그림으로 표현하면 매순간(매초) 올려진 공들의 위치와 패턴을 알 수 있어 직관적으로 저글링 가능여부와 필요한 공의 개수 및 주기를 알 수 있다.

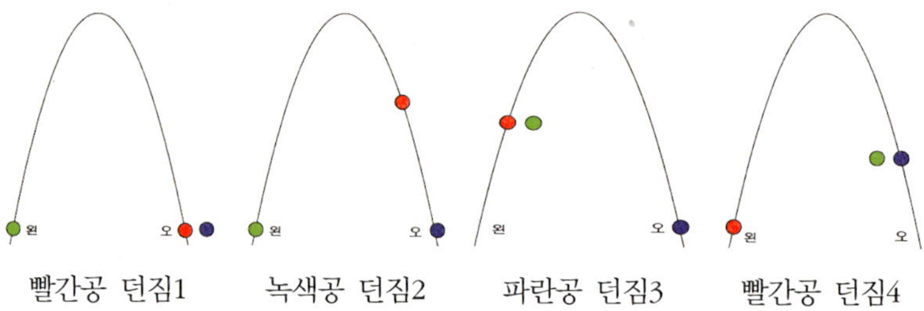

333의 그림설명

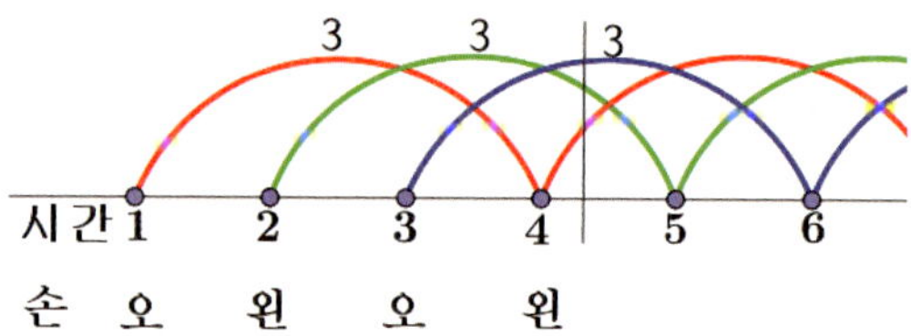

333. Siteswap

오른손에 두 개의 공(빨강, 파랑) 왼손에 하나의 공(녹색)을 가지고 매 초 한 개씩의 공을 다른 쪽 손으로 던지는데 균등하게 3초씩 공중에 떠 있게 한다. 매 순간 두 개 이상의 공이 손에 충돌하면 저글링이 되지 않는다. 매 초 던져진 공이 떠 있는 시간이 3초이므로 33333333....으로 표현할 수 있는데 처음부터 3초 동안의 모양이 반복되므로 줄여서 333으로 표현한다.

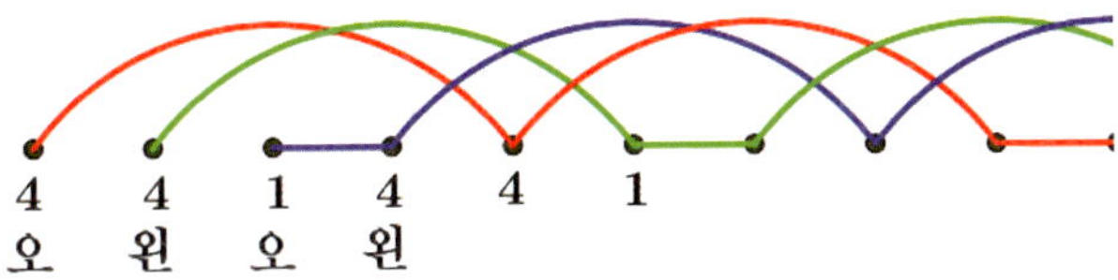

441. Siteswap 441이 반복되고 매 순간 수직선에 3개의 곡선이 그려지므로 3개의 공이 필요함을 알 수 있다.

왼손과 오른손이 번갈아 가며 순간(시간)에 많아야 하나의 공이 잡혀지거나 공중에 올려 질 수 있어야 저글링이 가능하며 저글링에 필요한 공의 개수를 알 수 있다.

저글링이 안되는 예로 6초 후에 두 개 이상의 공이 충돌하게 되어 저글링이 안되는 예이다.

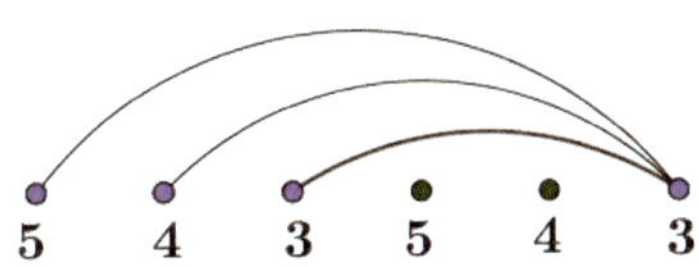

저글링이 안되는 543

저글링이 가능하기 위한 필요조건으로 일단 $t_1, t_2, \ldots, t_n$ 이 저글링 수열이라면 n 개의 공은 $t_1+0, t_2+1, \ldots, t_n+(n-1)$ 뒤에 떨어지게 되고 떨어지는 시간은 모두 달라야 한다. 하지만 위의 예 543은 (5+1),(4+1),(3+1)이 6,5,4 가 되고 주기수 3으로 나눈 나머지가 0,2,1 모두 다르지만 저글링이 되지 않는 예였다. 다음 예는 저글링 가능한 534로 저글링이 가능한 추가 조건을 찾아본다.

먼저 모든 저글링이 가능한 수열은 수열을 내림차순으로 정리하는 과정에서 앞과 뒤의 수를 교환하면서 앞으로 이동할 때 +1, 뒤로 이동할 때 -1등을 하여 상수수열이 만들어 진다.

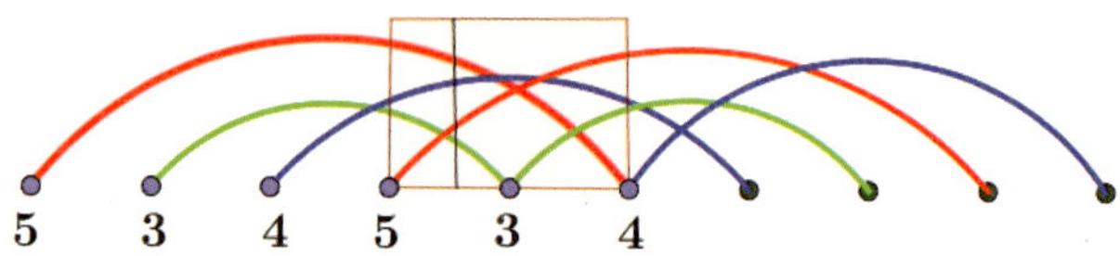

441의 예		534의 예	
441	1앞+1, 4뒤 −1	534	3앞+1, 5뒤 -1
423	2앞 +1, 4뒤 -1	444	3주기(3초)동안 12초를 균등하게 사용하려면 몇 개의 공이 필요한가?
333	3주기(3초)동안 9초를 균등하게 사용하려면 몇 개의 공이 필요한가?		

저글링이 가능한 수열을 보고 몇 개의 공이 필요한지 알 수 있을까? 주기 n인 저글링 수열 $t_1, t_2, \ldots, t_n$을 시행하는데 필요한 공의 개수는 공들이 떠 있는 시간의 합을 n으로 나누었을 때의 몫, $\frac{t_1 + t_2 +, \ldots, + t_n}{n}$ = 정수가 공의 개수가 되며(그림의 박스 부분을 참조하면 일정시간 동안 모든 공은 같은 시간 떠 있게 된다)

이처럼 주기로 수열의 합을 나누어 떨어지는 수열을 적당히 재배열하면 반드시 저글링 가능한 수열을 찾을 수 있다는 것이 알려져 있다.

이를 이용하면 임의의 홀수 n에 대하여 $1 + 2 +, \ldots, + n - 1 + 0 = \frac{(n-1)n}{2}$이므로 이를 주기 n으로 나누면 항상 $\frac{n-1}{2}$인 정수가 존재하게 되므로 1부터 연속된 홀수를 수열로 갖는 저글링 수열은 존재한다. 또한 주기가 n, 공 b개 일 때 저글링 가능한 수열의 개수$=(b+1)^n - b^n$

으로 알려져 있다.

처음의 필요조건과 관련시키면 $t_1+0, t_2+1, ..., t_n+(n-1) = t_1+t_2$ $+, ..., +t_n+0+1+2+3, ..., +n-1 = t, +, ..., +t_n+\frac{n(n-1)}{2} = an$ 이므로 $t_1+t_2, ..., +t_n = bn$이다.

333 저글링을 배워 봅니다.

1단계

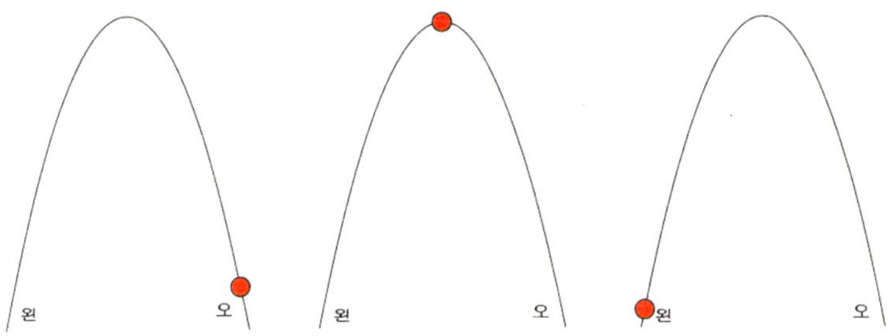

한 개의 공을 포물선 모양으로 던지고 받는다.

2단계

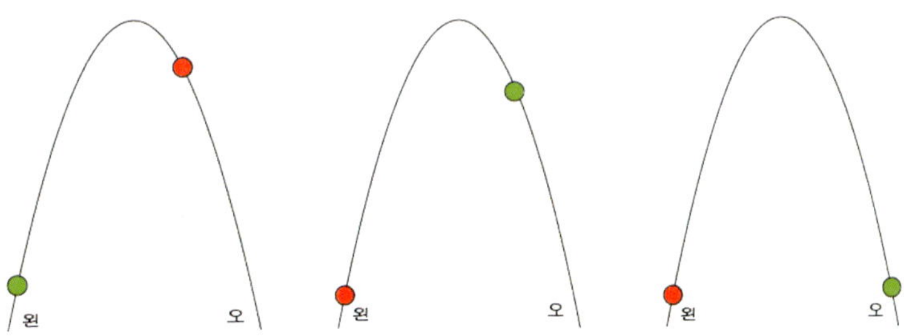

오른손 공을 던지고 보면서 왼손 공 던질 준비를 하고 던진다.

3단계

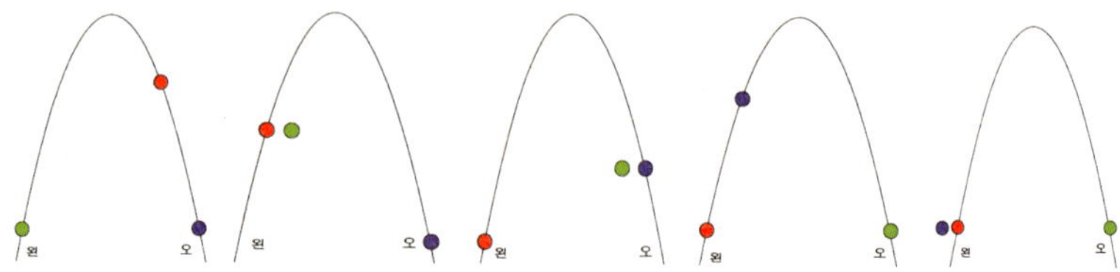

빨간공을 던지고 지켜보면서 녹색공 던질 준비 한다.

녹색공을 던지고 보면서 파란공 던질 준비한다.

빨간공을 받고 파란공을 던진다.

파란공을 지켜 보면서 녹색공을 받는다.

파란공을 받는다.

우선 1~3단계를 연습한 후 연속적으로 공을 던지고 받는다.

190 평면그래프게임

수학정리 자체가 하나의 게임으로 초기 조건만 알면 승부를 정확히 예측할 수 있기에 트릭에 가까운 평면그래프 게임이다.

게임방법

① 서로 번갈아 가며 임의의 두 점에 대하여 변을 만들 수 있다. 이미 연결된 두 점에 다시 변을 연결할 수 없다.

② 변들은 설로 겹칠 수 없으며, 자신의 점으로 되돌아오는 변은 그릴 수 없다.

③ 더 이상 변을 연결할 수 없는 사람이 진다.

예시

n=4일 때 번갈아 가며 변을 그릴 때 6번 만에 게임이 끝났으므로 먼저 시작한 관중이 진 게임이다.

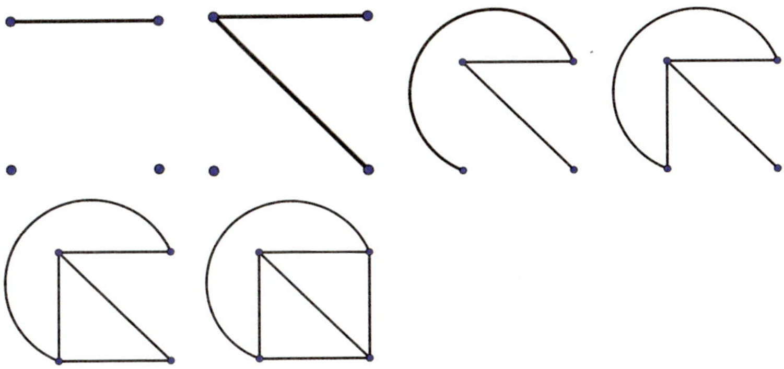

전략) 게임의 결과는 단순 연결 평면그래프이므로 오일러 정리가 $v-e+f=2$가 성립되고 면의 각 변에 대하여 하나의 변마다 두 개의 면이 대응되어 $2e \geq 3f$가 되고 면 입장에서 가장 많이 대응되는 변의 관계는 $2e=3f$가 된다. 따라서

$$v-e+\frac{2}{3}e=2$$
$$3v-3e+2e=6$$
$$e=3v-6$$

점의 개수가 짝수이면 이을 수 있는 변이 짝수가 되어 나중에 하는 사람이 이기고, 홀수면 홀수가 되어 먼저 하는 사람이 이기게 된다.

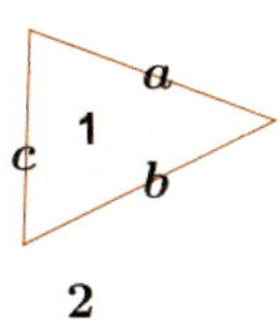

변 a,b,c 마다 두 개의 면 1,2가 대응된다면 (f)입장에서 최대 변 3개(a,b,c)와 면 두 개(1,2)의 관계가 성립한다.
$2\times3=3\times2$

같은 방법으로 수학적 귀납법으로 n개 점 중에서 연결가능한 점이 3개 뿐임을 보이고 점이 추가될 때마다 새로 연결될 수 있는 변이 3개임을 보일 수 있다.

점 하나가 추가 될 때마다 변이 3개 그리고 면이 2개 늘어난다.

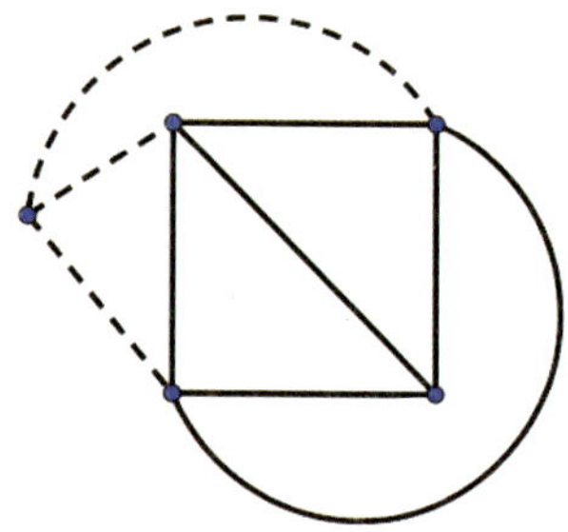

191 두 도형게임

사각형과 원이 임의대로 그려져 있다. 두 사람이 임의대로 두 개씩 택해서 같은 모양이면 두 개를 하나의 사각형으로 다른 모양이면 두 개를 하나의 원으로 바꾼다. 결국 하나의 모양이 남을 때 그것이 원이면 마법사가 이기고 사각형이 남으면 관중이 이긴다고 할 때 마법사는 게임의 결과를 처음 그려진 원과 사각형의 개수만으로 미리 알 수 있다.

게임의 예)

초기에 사각형 2개 원 3개가 그려져 있을 때 먼저 시작하는 사람이 사각형－원인 서로 다른 두 도형을 선택했기 때문에 두 도형을 제거하고 원을 그려 넣었다. 다음 사람은 같은 도형 원－원을 선택했기 때문에 두 원을 제거하고 사각형을 그려 넣었다. 같은 방법으로 계속 진행되었을 때 원 하나만 남게 되었다.

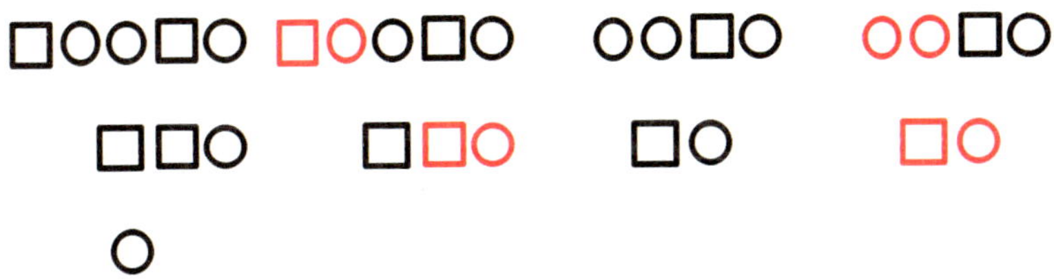

전략) 원의 개수가 짝수개로 시작하면 원은 항상 짝수개가 남고 홀수개로 시작하면 홀수개가 남는다. 따라서 처음 시작할 때 원이 홀수개면 원이 하나 남아 시작한 사람이 이기고 짝수개로 시작하면 원이 두 개여서 사각형이 남게 되므로 나중 사람이 이긴다.

두 가지 도형을 고르는 경우의 수가 3가지인데 모든 경우 처음 원의 짝수, 홀수 개수는 변하지 않는다.

원, 원	C(처음 원의 개수) − 2	S(처음 사각형의 개수) + 1
원, 사	C	S − 1
사, 사	C	S − 1

192 다리 연결게임

게임방법

① 가위 바위 보를 하여 먼저 할 순서 또는 위 아래 좌우방향을 정한다.

② 수직 또는 수평으로만 이웃한 점을 연결하여 ①에서 정한 방향으로

먼저 연결된 선을 만든 관중이 이긴다.

③ 아래 게임에서 위 아래 방향을 정한 관중이 이겼다.

게임에서 이기는 경험적 방법

게임의 예

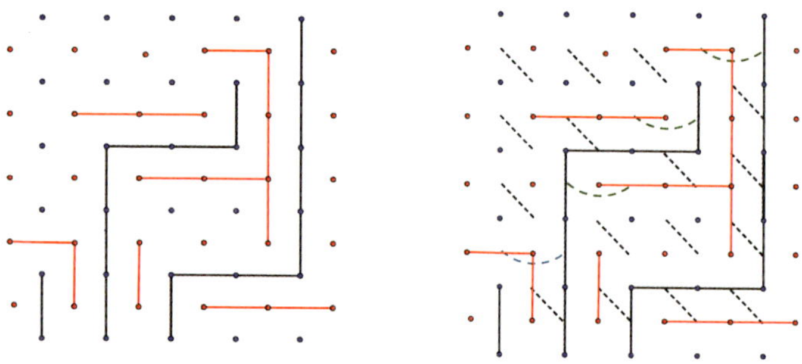

먼저 왼쪽 아래를 선점한다.

다음 상대방이 점선의 한쪽 끝을 지나도록 연결하면 다른 한쪽의 끝을 지나도록 변을 연결한다. 최소의 변으로 이기는 전략은 아니다.

게임에서 이기는 수학전략방법

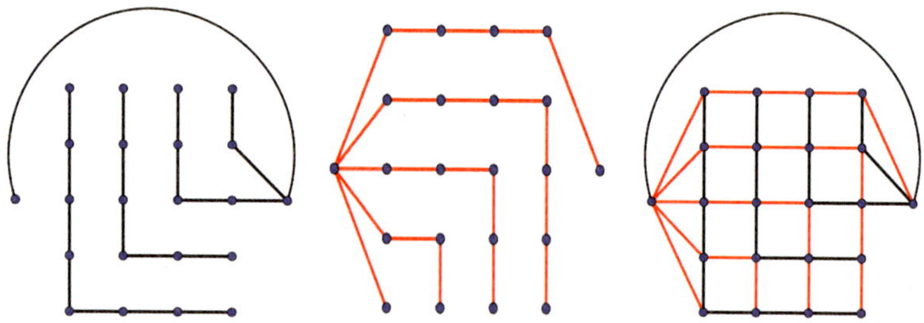

그래프 중 모든 점에 연결될 수 있는 그래프를 tree라 하고 tree 중

모든 점에 연결될 수 있는 방법이 한 가지인 tree를 spanning tree라고 한다. 위 그래프중 왼쪽과 가운데 tree는 spanning tree가 된다. 또한 위 두 tree는 어떤 변도 공통으로 가지지 않는 tree 인데 tree의 한 변이 제거되어도 다른 tree와 연결되는 변을 추가하여 여전히 tree를 만든다. 게임에 적용되어 상대방이 tree의 변을 제거해도 어떤 변도 공통으로 가지지 않는 tree에 변을 추가하여 여전히 tree를 유지하는 방법으로 게임에 임한다.

193 키 보드게임

다음의 두 개임은 통계학적으로 전략이 알려져 있다고 한다.

게임방법

① 임의의 수가 입력되어 있는 계산기에서 두 명이 번갈아 가며 계산기에 수를 하나 입력한다.

② 앞의 숫자와의 차를 구하는데 계산의 결과가 0이하 이면 지는 게임이다.

③ 번갈아 가며 1~9까지의 수를 계산기에 입력하여 차를 구하는데 입력되는 숫자는 앞선 사람의 인접한 숫자만 입력가능하다. 즉, 4가 입력되었다면 1,2,5,8,7 1이 입력되면, 2,4,5가 입력될 수 있다.

이런 규칙이 없다면 매번 계산결과에서 1의 자리를 빼면 0이 되게 하여 항상 이기는 게임이 된다.

게임의 예

56이라는 수가 계산기에 주어졌고, 먼저 하는 사람이 5, 나중에 하는 사람이 9로 시작한 경우로 먼저 한 사람이 진 경우이다.

56	5	9	6	9	7	4	1	5	3	6	2
	51	42	36	27	20	16	15	10	7	1	−1

전략) 게임은 처음 주어진 수보다는 처음 입력하는 사람의 수에 영향을 더 많이 받는 것으로 15이상의 큰 수에 대하여 1 또는 3을 먼저 입력하면 이길 수 있는 방법이 알려져 있다.

194 수학 심리게임

두 사람이 두 개의 정수를 고르는데 작은 수를 고르는 사람은 1점 얻지만 1만큼 큰 숫자를 고르는 사람은 2점을 얻는다.

어떤 전략이 있을까?

1,2,3,4,5를 $\frac{1}{16}, \frac{5}{16}, \frac{4}{16}, \frac{5}{16}, \frac{1}{16}$ 확률로 고르면 된다고 알려져 있다.

195 Dodgem 게임

게임방법

두 명이 교대로 정해진 말의 위치에서 상대방의 말을 잡을 수 없으며 피하는 방법으로 후진 없이 정해진 방향으로 서로의 말을 내 보내는 게임으로 $n \times n$게임판에 $n-1$개씩의 말을 놓을 수 있다.

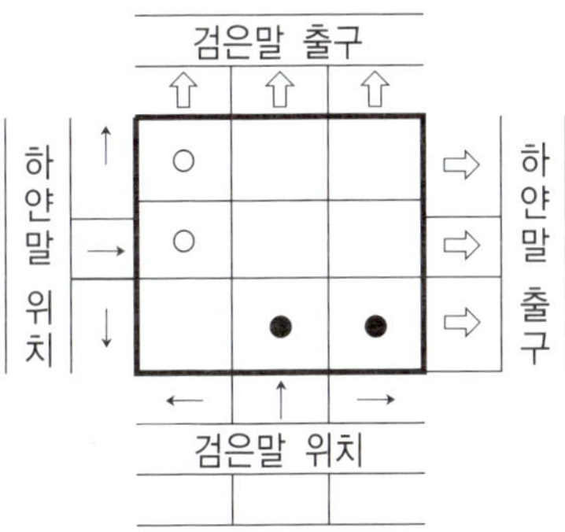

게임 예

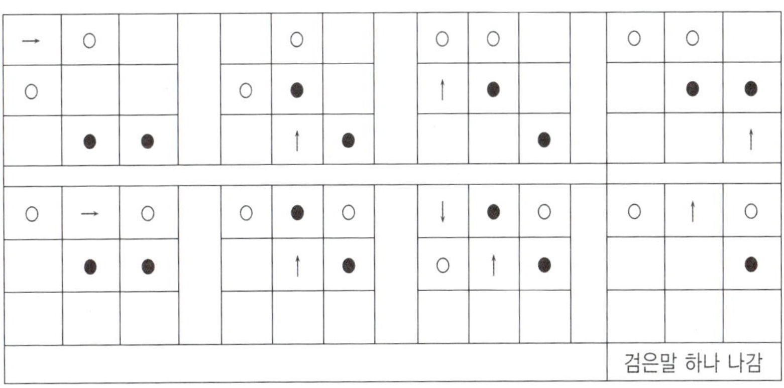

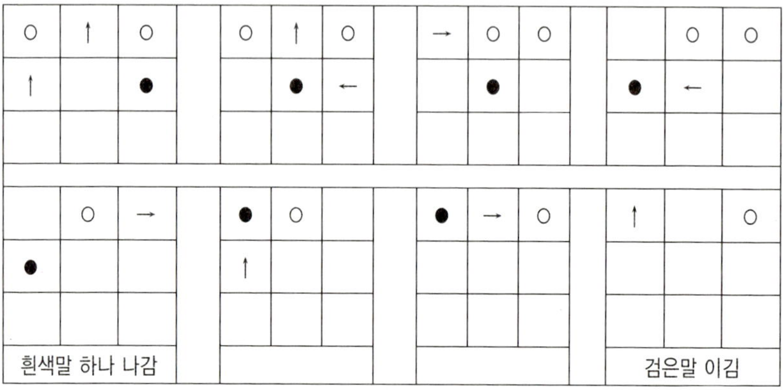

간단한 게임이지만 3×3에서 먼저 하는 사람이 이기는 전략은 밝혀졌다. 하지만 아직까지 4×4, 5×5 이상의 게임에서 일반적으로 이기는 방법이 알려져 있지 않은 난제다.

196 Chomp 게임

게임 방법

두 명이 서로 번갈아가며 임의의 직사각형 안의 돌을 집는데 집는 위치를 기준으로 오른쪽, 위쪽의 돌을 모두 가져간다. 왼쪽 아래 까만 돌을 집게 되는 사람이 지는 게임이다.

게임의 예

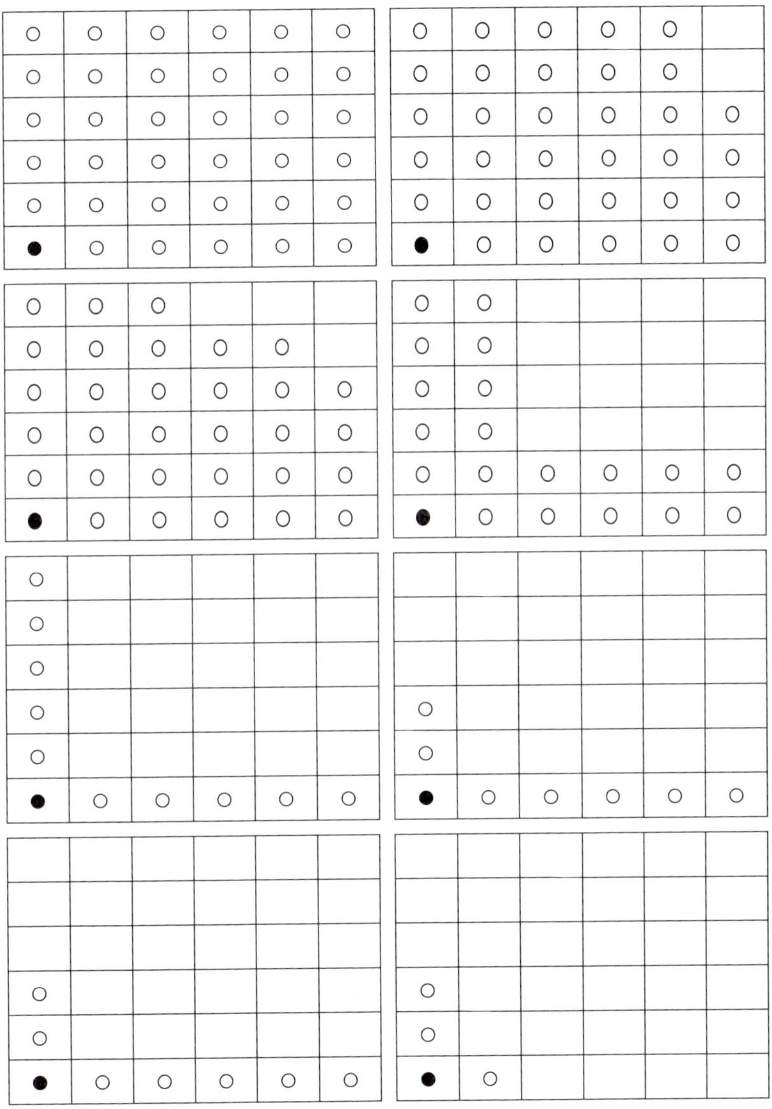

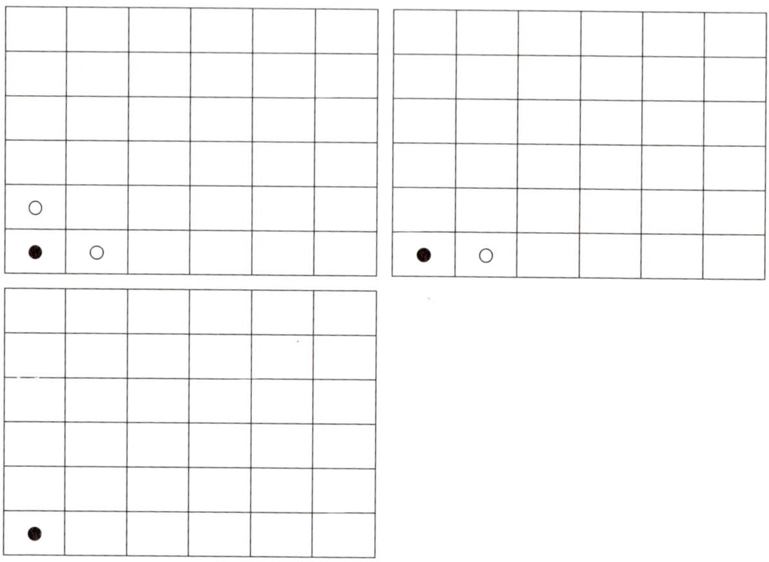

게임의 전략

다음의 두 가지 경우에서만 일반적으로 먼저 하는 사람이 이기는 전략을 생각할 수 있다.

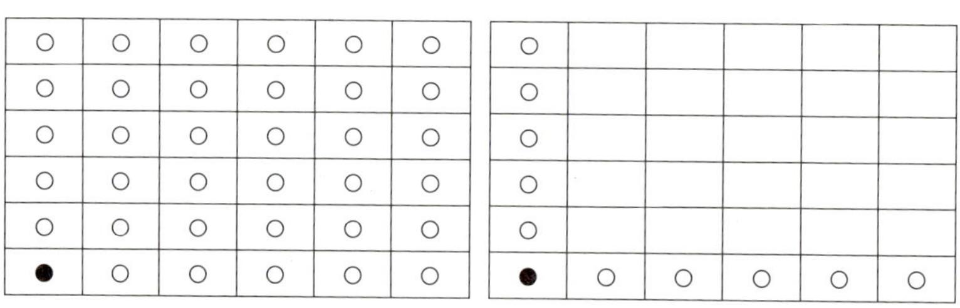

$n \times n$ 정사각형인 경우 먼저 하는 사람이 이기는 경우

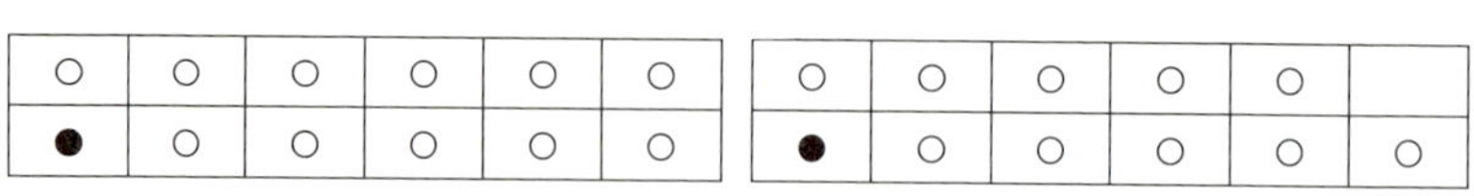

$2 \times n$ 직사각형인 경우 먼저 하는 사람이 이기는 경우

197 지도 게임

게임 방법

임의의 지도에 두 명이 번갈아 가며 색을 칠하는데 인접한 지역에 다른 색을 칠하게 되면 지는 게임이다.

게임의 예

나중에 시작한 빨간색을 칠하는 사람이 진 게임이다.

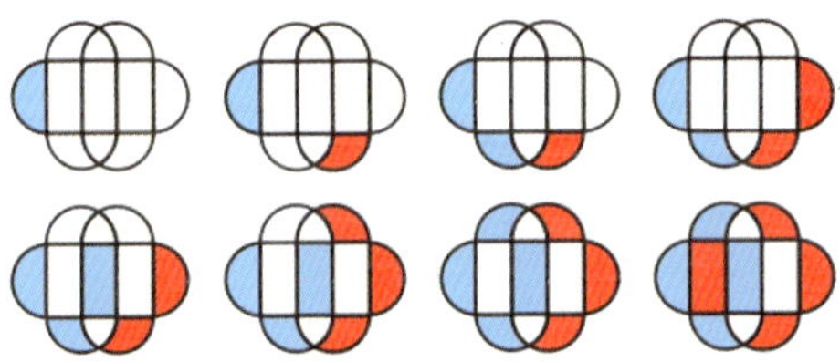

상대적으로 인접한 지역에 같은 색을 칠하게 되는 사람이 지는 게임으로 변형이 가능하다.

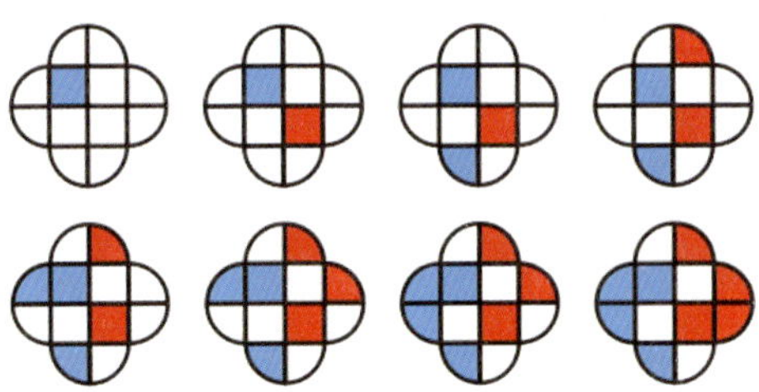

198 Snake 게임

파란색과 빨간색의 시작점에서 수직, 수평방향으로 한 칸씩만 이동하며 선분을 이어가는데 본인의 색 또는 상대방의 색과 만나지 않아야 한다. 가로줄과 새로 줄이 짝수일 때는 나중에 하는 사람이 대칭전략을 사용하여 이기는 전략을 구성할 수 있다.

게임의 예

처음 시작한 파란색이 지는 경우

199 타일게임

게임 방법

① 두 명이 번갈아 가면서 직사각형 모눈판에 아래 타일 3가지 중 하나를 선택하여 모눈판에 그린다.

② 처음시작은 타일✚를 왼쪽상단에 놓는다.

③ 선이 연결되도록 타일을 선택하여 그리는데 연결된 선이 모눈종이판 벽에 닿으면 지는 것이고 하단의 모서리 칸에 진입하면 이긴다.

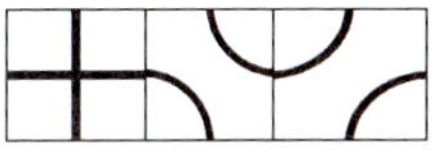

게임에 사용되는 3가지 패턴

게임의 예

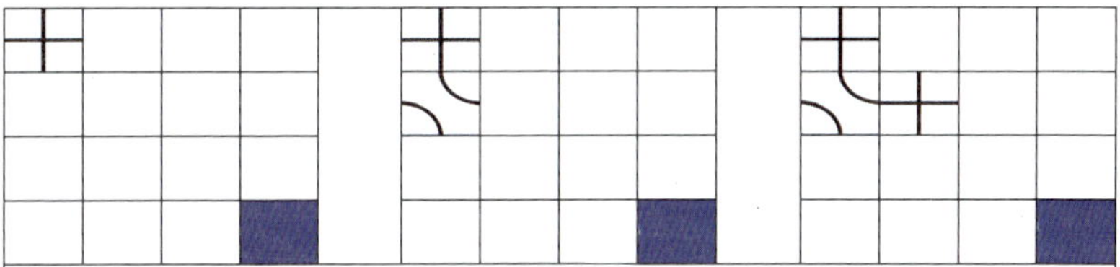

먼저하는 사람은 왼쪽상단에 ✚를 놓고 이어지는 선이 벽에 닿지 않도록 하고 오른쪽 하단의 칸에 진입하도록 타일을 연결한다.

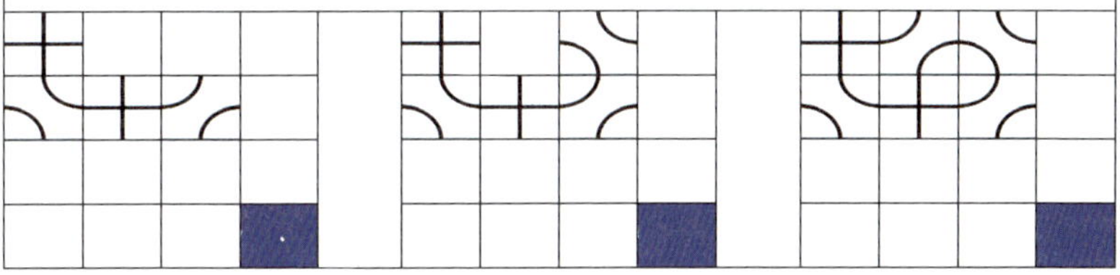

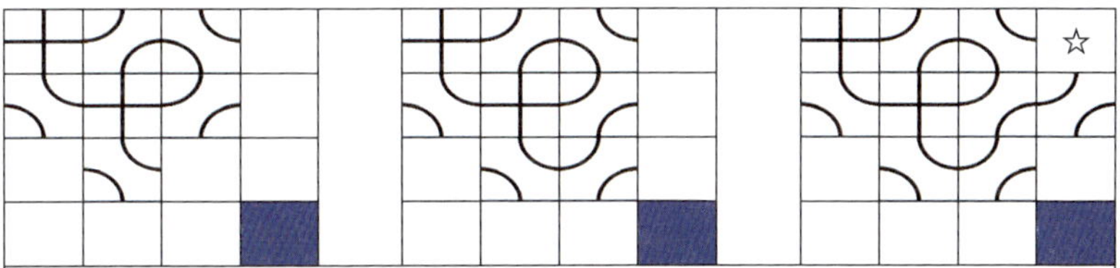

9번째, 즉 먼저 했던 사람은 선이 이어지도록 오른쪽 상단에 타일을 그려야 하는데 어떤 타일을 그려도 연결선이 벽에 닿아 지는 경우가 된다.

전략1 칸의 개수가 홀수 일 때 먼저 하는 사람이 이긴다.

칸이 홀 수개이므로 오른쪽 아래 칸을 제외하고 두칸씩 직사각형을 만들

수 있고,

가) 임의대로 만들어진 직사각형에서 후자가 새로운 직사각형에 선을 연결시키면 선자는 새로운 직사각형에 후자가 패턴을 채우게 할 수 있다. 그럼 선자는 오른쪽 아래 칸에 진입하거나, 후자가 경계에 닿을 수밖에 없다.

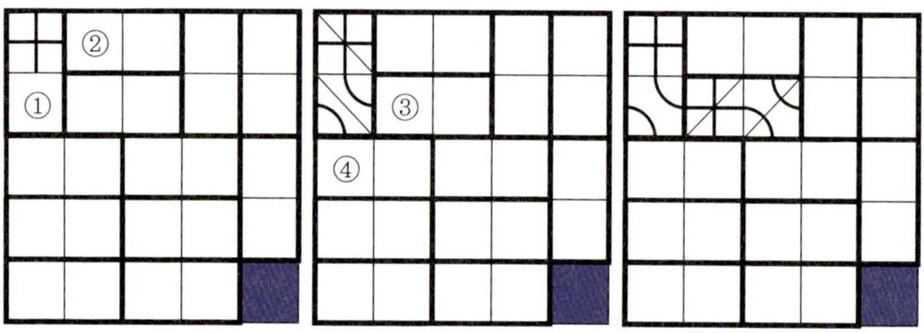

후자는 ①, 또는 ②에 선을 연결할 수 있는데 ①에 연결하였다면 이제 선자는 ③, 또는 ④가 포함된 직사각형 중 ③을 선택하여 후자가 ③이 있는 직사각형 안에서 타일을 채우게 한 것이다

전략2 칸의 개수가 짝수 일 때 나중에 하는 사람(후자)이 이기는 전략을 구성할 수 있다.

후자는 위와 같이 타일을 놓으면 다음과 같이 먼저 하는 사람에 따라 3가지 경우가 생긴다.

후자는 3가지 경우에 대하여 각각의 ①, ②, ③ 직사각형에 진입하여 후자가 채우게 할 수 있다.

세 번째 선자가 타일을 그린 후 이어지지 않는 두 칸(○)과 지금까지 진행된 3칸을 제외하면 다시 홀수칸이 생기게 되고 후자는 두 칸인 직사각형을 만들어 칸이 홀수일 때와 같은 방법으로 게임의 승자가 될 수 있다.

200 그림 지우기 (Hacken bush)

위 수학게임은 콘웨이(John Horton Conway)에 의하여 발명된 2인이 하는 수학게임으로 그림의 일부가 지면에 붙은 상태에서 서로 한 사람씩 변을 제거할 때 제거할 변이 없는 사람이 지는 게임으로 님게임과 전혀 다르게 보이지만 님게임의 전략을 이용하여 항상 이길 수 있는 수학전략게임이다.

예

게임 방법

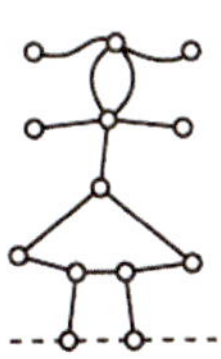

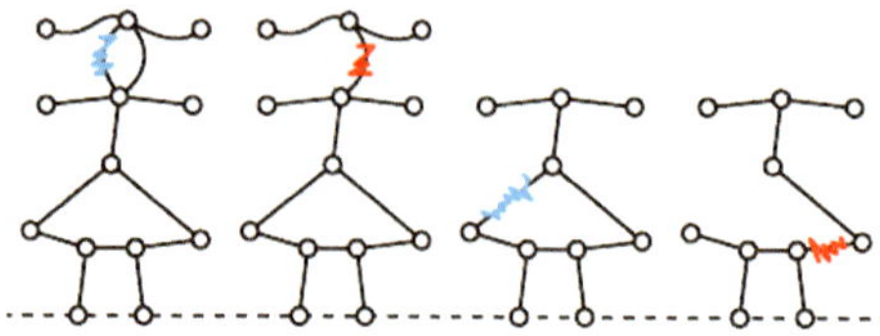

① 두 사람은 번갈아 가며 선을 지우는데 지면에 연결되어 있지 않는 변을 지워가면서 연결이 끊긴 그림의 일부를 지워 나간다.

② 더 이상 지울 수 있는 선이 없는 사람이 지게 된다.

위 그림의 예에서는 먼저 한 사람(파란색)이 지게 되었다.

Hacken bush을 간단한 그림으로 설명하면 님(NIM)게임과 같아진다.

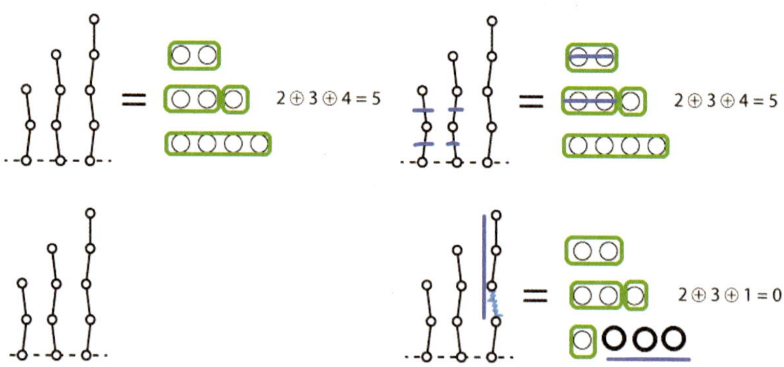

위의 그림은 님섬이 5이므로 님섬을 0으로 만들기 위해 3열에서 3개의 돌을 제거하야 님섬을 0으로 만들어 이길 수 있는 상태를 만들어 놓는다.

각열별로 $2^0, 2^1, 2^2, \ldots$개의 돌(선분)을 묶어 짝수 묶음을 제거하고 남은 돌(선분)의 개수가 님섬(⊕, NIM SUM)의 결과가 된다.

게임에 수학적 전략을 사용하려면 먼저 님섬을 알아야 하는데 그 과정을 몇 가지 예로 살펴보자

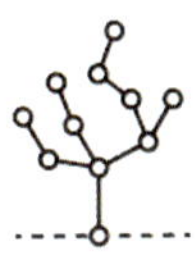

먼저 복잡한 트리의 형태를 간단히 한다.

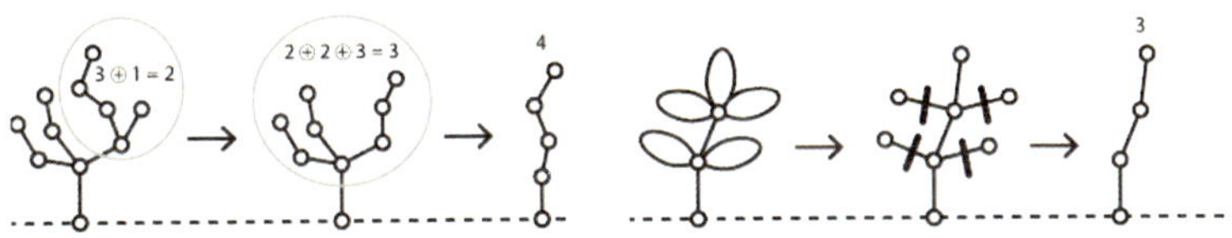

꽃모양의 그림에서 고리는 선으로 대체되고 2^0은 쌍으로 제거되어 님섬이 3이 된다.

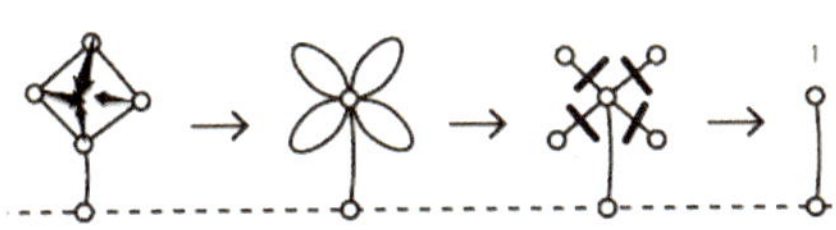

그림이 다각형을 포함하게 되면 다각형의 꼭지점들을 다각형의 내부로 모아 고리를 만들고 그 고리를 선분으로 대체 한다. 위 그림의 님섬은 1이 된다.

위의 변형방법으로 다음 그림의 님섬을 구해보자

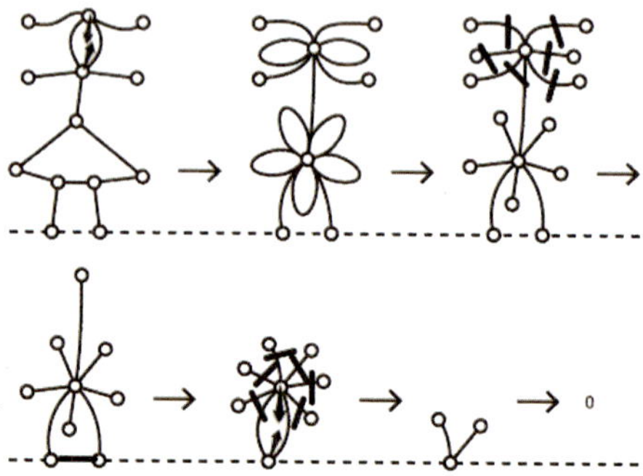

지면에 있는 두 점들은 한 개의 고리로 융합될 수 있다.

위 그림에서의 님섬은 0이므로 나중에 하는 사람이 전략을 제대로 사용하면 먼저 하는 사람이 지게 되어 있다. 먼저 하는 사람은 최대한 그림이 복잡해지도록 선을 제거하여 나중에 하는 사람이 님섬 계산을 어렵게 하는 수 밖에 없다.

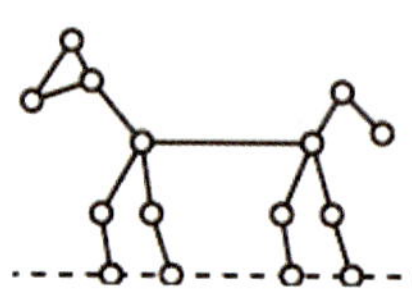

그림이 위와 같을 때 님섬을 알아보기 위하여 먼저 간단히 나타내보자

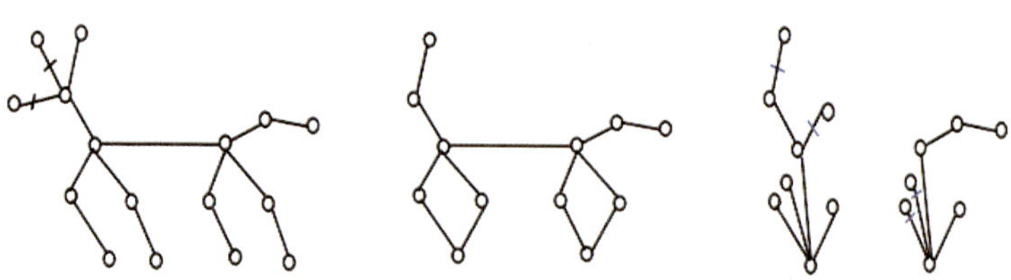

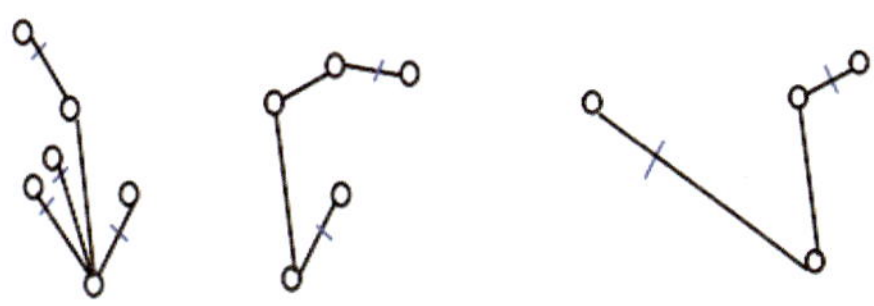

위 과정을 통하여 님섬이 1이므로 시작하는 사람은 한 개의 선을 제거하여 님섬으로 0으로 만들어 게임에 이기는 전략을 세울 수 있다.

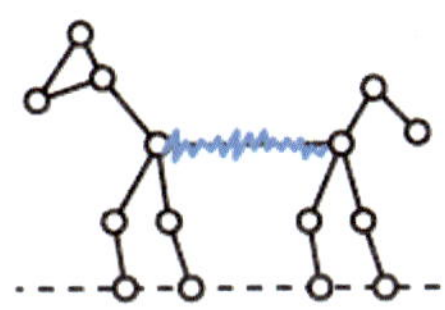

참고문헌

Magical Mathematics: Persi Diacoins and Ron Graham, Princeton University Press.

The Twenty-Seven Card Trick: Calvain T. Long, The Mathematical Gazette. Vol. 75, No. 473.

Hexaflagon and other mathematical diversion: M. A. Martin the university of chicago press, Chicago and London.

Mathematical puzzle and diversion :M. A. Martin the university of chicago press, Chicago and London.

New mathematica diversion: M. A. Martin the university of chicago press, Chicago and London.

Unexpected hang and other diversions: M. A. Martin the university of chicago press, Chicago and London.

Mathematical carnival: M. A. Martin the university of chicago press, Chicago and London.

Martin gardner's 6th book of mathematical diversion: M. A. Martin the university of chicago press, Chicago and London.

Mathematical magic show: M. A. Martin the university of chicago press, Chicago and London.

Mathematical circus: M. A. Martin the university of chicago press, Chicago and London.

The magic number of Dr. Matrix: M. A. Martin the university of chicago press, Chicago and London.

Wheel, life and other matical amusement: M. A. Martin the university of chicago press, Chicago and London.

Knotted donught and other matematical entertainment: M. A. Martin the university of chicago press, Chicago and London.

Time travel and other mathematical bewilderment: M. A. Martin the university of chicago press, Chicago and London.

Penrose tile to trapdor cipher and the return of Dr. matrix: M. A. Martin the university of chicago press, Chicago and London.

Fractal music and hypercard and more: M. A. Martin the university of chicago press, Chicago and London.

The last recreations hydras, Egg and other mathematical mystifications: M. A. Martin the university of chicago press, Chicago and London.

Mathematics, Magic and Mystery: M. A. Martin, Dover Publication, New York

Mathematical Card Magic Fifty-Two New Effects: Colm Mulcahy, CRC Taylor & Francis Group

A gamut of games: Sid Sackson. Dover Publication, New York

Self-working rope magic: Karl Fulves. Dover Publication, New York

Self-working number magic: Karl Fulves. Dover Publication, New York

http://www.mathteacherscircle.org/assets/session-materials/SSantoricoMathemagicParticipants.pdf

http://www.math.umt.edu/tmme/vol5no2and3/tmme_vol5nos2and3_a13_pp.327_336.pdf

http://www.geometer.org/mathcircles/CardTricks.pdf.

참고한 유투브 및 인터넷 사이트

http://www.thecardtrickteacher.com/mathematical-card-tricks-revealed.php

https://www.youtube.com/channel/UCIuScmttXWzLoXqs8kU3vWA

https://www.youtube.com/channel/UCnzvFz8eZ-LGkZv85Tg3GsQ

https://www.youtube.com/channel/UCetimk8fNERHoir_zKQbwiQ

https://www.youtube.com/channel/UC0bYERL8SDYwzm3VD5lPhcw

https://www.youtube.com/channel/UCT7EcU7rC44DiS3RkfZzZMg

https://www.youtube.com/channel/UCz4L2Xx_t0ACU3WV4zDiF4Q
https://www.youtube.com/channel/UCsUe_Tm_BvNmw9oz4UVVwDg
https://www.youtube.com/channel/UCIGWZOmyfj5s_n3_JmVging
https://www.youtube.com/channel/UCVnmlGVAPa43K6RM1Zh1RoA
https://www.youtube.com/channel/UCeQEKFH31vvD-InkTGSvCrA
https://www.youtube.com/channel/UCKeXa16clt79bbdVelLlqTg
https://www.youtube.com/channel/UCV1PAhcuv7hjQxUwpvQ9ctA
https://www.youtube.com/channel/UCe_vXdMrHHseZ_esYUskSBw
https://www.youtube.com/channel/UCOGeU-1Fig3rrDjhm9Zs_wg
https://www.youtube.com/channel/UC_OjzlVO230cu7vQYUSNNDw
https://www.youtube.com/channel/UC3iSDbZo0NaVgHImF7w2xJg
https://www.youtube.com/channel/UC6nSFpj9HTCZ5t-N3Rm3-HA
https://www.youtube.com/channel/UC0DeUThk5C6BxZP5TTnDGoA
https://www.youtube.com/channel/UCzQrtnJLZaH09xyZ1oKNq7Q
https://www.youtube.com/channel/UCxXDf-3GbFy6D3iKT4T1gLA
https://www.youtube.com/channel/UCw1CFPRbn-3CC3JTkPpiQ8w
https://www.youtube.com/channel/UCvGMGQC8gNkd4gwxSbABIlw
https://www.youtube.com/channel/UCXl0Zbk8_rvjyLwAR-Xh9pQ
https://www.youtube.com/channel/UCCtm3fBa8-cZbbuoPAwYcVg
https://www.youtube.com/channel/UC3utWbIqUy8EDvL46Ou5rUA

조 동 기

주요약력

건국대학교 수학교육과 졸업(2001)

한국교원대학교 대학원 졸업(2007, 석사)

현 경기도 남양주시 퇴계원고등학교 재직

주요 활동

'수학과 교육' 저널 기고(전국수학교사모임)

수학과 직무연수 강의(경기도 과학교육원)

수학체험프로그램 운영(중앙과학관, 과천과학관 및 관내외 지역)

수학체험프로그램 공모전 입선(노원수학문화관)

수학유희 II

2017년 10월 20일 초판 인쇄
2017년 10월 25일 초판 발행

감　수 • 이영숙
저　자 • 조동기
발행자 • 오판근
발행처 • (주) 교 우

주　소 • 서울특별시 동대문구 약령시로 8 교우빌딩 2층
전　화 • 925-2861~2, 편집부 / 925-2825, 홈쇼핑 / 969-5762
팩　스 • 925-2860
E-mail • kyowoo@kyowoo.co.kr
홈페이지 • http://www.kyowoo.co.kr
북스토어(쇼핑몰) • http://www.kyowoo.co.kr

등록 / 1994. 3. 24 제1994-000013호

ISBN 979-11-251-0222-9 (04410)
979-11-251-0191-8 (세트)

값 12,000원